이과형의 그런데 이것은 과학책입니다 ❷현대과학 편

초판 발행 · 2024년 9월 25일
초판 2쇄 발행 · 2024년 12월 2일

지은이 · 이과형(유우종)
그린이 · 김우람
발행인 · 이종원
발행처 · 길벗스쿨
출판사 등록일 · 1990년 12월 24일
주소 · 서울시 마포구 월드컵로 10길 56(서교동)
대표 전화 · 02)332-0931 | **팩스** · 02)323-0586
홈페이지 · school.gilbut.co.kr | **이메일** · gilbut@gilbut.co.kr

기획 및 책임편집 · 김윤지(yunjikim@gilbut.co.kr) | **디자인** · 박상희 | **제작** · 이준호, 손일순, 이진혁
마케팅 · 진창섭, 이지민 | **영업관리** · 정경아 | **독자지원** · 윤정아

교정교열 · 황진주 | **전산편집** · 도설아 | **출력 및 인쇄** · 교보피앤비 | **제본** · 신정문화사

- 잘못 만든 책은 구입한 서점에서 바꿔 드립니다.
- 이 책은 저작권법에 따라 보호받는 저작물이므로 무단전재와 무단복제를 금합니다.
  이 책의 전부 또는 일부를 이용하려면 반드시 사전에 저작권자와 길벗스쿨의
  서면 동의를 받아야 합니다.

ISBN 979-11-6406-792-3 04400 (길벗스쿨 도서번호 600005)
　　　979-11-6406-787-9 04400 (세트)

ⓒ 유우종

정가 17,500원

독자의 1초를 아껴주는 정성 길벗출판사

(주)도서출판 길벗 IT교육서, IT단행본, 경제경영서, 어학&실용서, 인문교양서, 자녀교육서 www.gilbut.co.kr
길벗스쿨 국어학습, 수학학습, 어린이교양, 주니어 어학학습, 학습단행본 www.gilbutschool.co.kr

이과형의 그런데 이것은 과학책입니다

❷ 현대과학 편

이과형(유우종) 지음
김우람 그림

프롤로그

　온라인으로 새롭게 사귄 외국인 친구에게 우리나라 전통 음식인 김치를 소개하려면 어떻게 설명해야 할까요? 김치가 무엇인지, 어떤 재료로 어떤 과정을 거쳐 만들어지는지 빠짐없이 논리적으로 설명하면 될까요? 김치의 다양한 종류와 맛, 김치가 한국 식문화에서 가지는 의미를 최대한 자세히 설명하면, 외국인 친구가 김치의 매력과 맛을 완전히 이해할 수 있을까요? 그렇지 않을 거예요. 내가 아무리 자세히 설명한다 해도, 외국인 친구가 한 번에 김치의 모든 것을 완벽히 이해하긴 어려울 거예요.

　사람의 뇌는 자라면서 보고 듣고 경험한 모든 것을 바탕으로 인지 구조를 만듭니다. 그리고 이 인지 구조에 따라 새로운 정보를 해석하고 받아들이죠. 각자의 경험이 모두 다르기 때문에 인지 구조도 사람마다 모두 다르답니다. 예를 들어 나는 빨간색을 봤을 때 불, 힘, 태양을 떠올리지만, 옆에 있는 친구는 위험이나 경고의 의미로 다르게 생각할 수 있어요. 그래서 무엇을 설명할 때 조리 있게 논리적으로 말해도 그 내용이 상대방에게 완벽하게 전달되지는 않아요. 간혹 학교 수업을 지루하고 어렵게 느끼거나, 추천 과학 도서들을 읽었을 때 잘 이해되지 않는 이유도 이 때문이지요. 수업을 진행하는 선생님과 책을 쓴 저자가 논리적으로 설명한다 해도, 나의 인지 구조에 따라 재해석하는 과정에서 내용을 잘못 이해하거나 바꾸어 받아들이기도 하거든요.

저는 교사와 유튜브 크리에이터로 활동하면서 학생들에게 어떻게 하면 어렵고 복잡한 과학 지식을 효과적으로 전달할 수 있을지 끊임없이 고민해왔습니다. 많은 교육자들이 쌓아온 지식과 경험에 저만의 연구를 더해 지식을 전달할 수 있는 다양한 방법들을 발견했습니다. 그 결과, 단기간에 58만 명의 유튜브 구독자를 모을 수 있었습니다. 구독자들에게 과학 지식을 전달하기 위해 재미있는 소재들을 발굴했고, 흥미로운 이야기들을 더해 현재 200편이 넘는 과학 쇼츠 영상을 제작해 소개하였습니다. 그리고 단순한 즐거움에 그치지 않고 지식을 탐구할 수 있는 기회를 얻을 수 있도록 노력하여 누적 조회수 3억 뷰를 돌파했답니다.

유튜브에서 소개했던 과학 지식 중에서 가장 인기 있고, 가치 있는 지식들을 엄선해 《이과형의 그런데 이것은 과학책입니다》에 담았습니다. **이 책은 누구나 과학을 쉽고 재미있게 즐길 수 있도록 다양한 과학 현상을 예를 들어 설명했으며, 함께 소통하는 느낌으로 책을 읽을 수 있게 실제 유튜**

브 영상에 달렸던 댓글들도 함께 엮었습니다. '알아 두면 쓸모 있는 과학 지식' 코너에서는 앞서 살펴본 내용을 더 자세히 탐구할 수 있도록, 관련된 과학 지식을 깊이 있게 담았습니다.

복잡한 과학 지식을 초등학생도 쉽게 이해할 수 있도록 재치 있는 만화 형식으로 재구성해 주신 김우람 만화 작가님께 감사합니다.

이 책은 재미있고 유익하며 감동적입니다. 부끄러운 말이지만 책을 쓰면서 '내가 어렸을때도 이런 과학책이 있었다면 정말 좋았겠다'는 생각이 들기도 했습니다. 여러분에게 이 책이 과학에 한 걸음 더 다가가는 데 재미와 유익함, 감동을 주는 친구가 되었으면 합니다.

저자 **이과형 유우종**

목차

프롤로그
004

01
공간이 휘었다는 게
대체 무슨 말일까?
011

02
무중력에 대해 99%가
오해하는 사실
020

03
밀물과 썰물이
생기는 이유
030

04
웜홀에 대한
짧고 직관적인 설명
039

05
타임머신은
진짜 가능할까?
048

06
4차원,
오늘부터 보여요!
057

07
이것을 봤다면
4차원을 본 것이다!
067

08
거리를
시간으로 나타낸다?
078

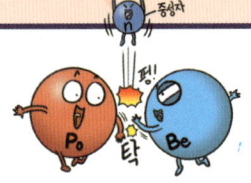

09
에베레스트가 정말 가장 높은 산일까?
087

10
99%가 오해하는 태양계의 비밀
096

11
외계인과의 전쟁은 일어날까?
105

12
우주의 끝은 어떤 모습일까?
115

13
우주가 탄생한 곳은 어디일까?
124

14
밀어내는 중력이 있다?
132

15
우주에서 총을 쏠 수 있을까?
141

16
왜 핵 폭탄은 셀까?
149

17
핵 폭탄은 어떻게 터뜨릴까?
158

18
수소 폭탄은 어떻게 작동할까?
167

19
우리가 몰랐던 질량의 비밀
174

20
15년 전의 나는 다른 사람이라고?
181

21
양자 컴퓨터란 무엇일까?
190

22
조개에게 배우다
197

23
인간은 얼어 죽을 때 옷을 벗는다?
206

24
경험이 유전자를 바꿀 수 있을까?
214

25
영생을 누리는 유일한 방법
223

공간이 휘었다는 게 대체 무슨 말일까?

2차원에 살고 있는 개미가 있습니다.
그리고 개미가 살고 있는 세상의 중심엔 커다란 원이 있어요.

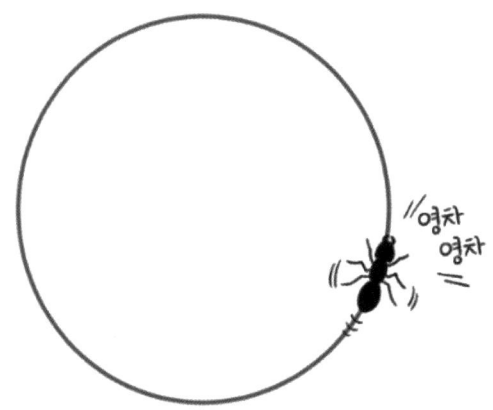

이 원이 너무나 궁금했던 개미가 원의 둘레를 잽니다.
"뭐야, 이게 대체 뭐지?"

똑똑한 개미는 원의 둘레를 재고
원의 중심까지의 거리를 알아냅니다.

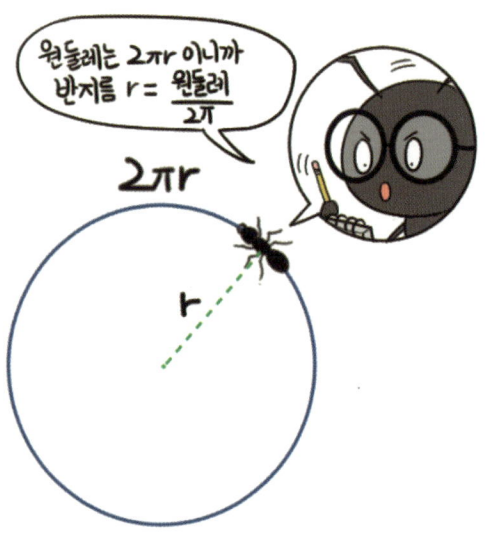

개미는 원의 반지름을 알아냈어요.

그런데 이상하게도 실제로 측정한 원의 반지름이
둘레를 통해 계산한 반지름보다 훨씬 긴 거예요.

그리고 개미가 중심으로 계속 가는데도
원의 중심이 도무지 나오지 않는 거예요.
계산대로라면 이쯤이면 나와야 하는데
아무리 가도 나오지 않아요.

만약 이 개미가 아인슈타인 개미라면
이 사실을 바탕으로
공간이 휘었다는 결론을 내릴 수 있을 거예요.

↳ @user-cw5dz1****
3차원을 알아채지 못한 개미와 4차원을 알아낸 인간 아인슈타인. 그는 대체....

3차원 존재인 우리가 봤을 때
개미의 2차원 공간이
아래 그림과 같이 휘어 있는 것이죠.
그럼 중심까지의 거리가 길지요?

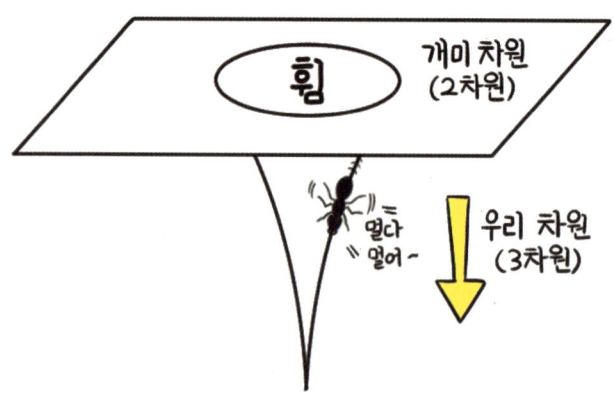

하지만 개미는 2차원 세상에 살기 때문에
자신의 공간이 더 고차원인 3차원으로
휘어 있다는 사실을 알지 못합니다.
그래서 개미는 중심까지의 거리가 더 멀다는 사실이
너무 이상하게 느껴지는 것이죠.
우리가 봤을 땐 당연한 사실인데요.

↳ @user-ef7tn6w****
우주의 입장에서 볼 때, 우리는 개미와 같다고 느껴지네요.

↳ @Ku****
나보다 고차원적인 존재를 이해하려면 이론을 알기 전에 공간이 휘었다는 명제를 깔고 생각해야 하는 거군요.

그런데 우리가 사는 세상도 똑같습니다.

예를 들어 볼까요?

지구는 태양을 공전합니다.

당연히 공전 궤도*가 있지요.

그럼 우리가 공전하는 둘레의 길이를 알면

우리도 태양의 중심까지의 거리를 구할 수 있겠죠?

---

* 한 천체가 다른 천체의 주위를 주기적으로 도는 길을 공전 궤도라고 합니다.

그런데 실제로 거리를 측정해 보면 더 길게 나옵니다.
개미의 경우랑 똑같은 것이죠.
그래서 "우리가 사는 공간도 휘어 있다."라고
말할 수 있어요.

↳ @Dream_come_true_****
우와! 지금까지 차원이 휘어 있다는 말에 대한 설명을 아무리 들어도 이해하기 어려웠는데 1분 만에 이해했어요….

↳ @Jay-i****
아니, 선생님 진짜라고요! 지도 앱에는 10분이라고 표시되어 있지만 공간이 휘어 있어서 실제로 15분 걸려서 늦은 거라니까요!

알아 두면 쓸모 있는
과학 지식

시공간의 굴곡

'공간이 휘었다'는 말은 무슨 뜻일까요?* 일상에서 공간은 눈으로 보기에 평평하죠. 하지만 아인슈타인은 우주 속에서 질량이 큰 물체들이 그 주변 공간을 휘게 만든다고 말했어요. 마치 무거운 볼링공이 트램펄린을 내려 앉게 하는 것처럼 말이에요. 하지만 여기서 중요한 점은 이 휘어진 모습을 우리 눈으로 볼 수 없다는 사실입니다. 그렇다면 이 신비한 현상을 어떻게 알 수 있을까요?

이를 밝히기 위해 1976년 하버드 대학의 로버트 리젠버그, 어윈 샤피로 연구팀이 흥미로운 실험을 했어요. 화성 탐사선 바이킹 1호와 바이킹 2호에 신호를 보내고 그 신호가 지구로 돌아오는 시간을 측정

▲ 바이킹 1호(출처: 위키백과)

했습니다. 이 신호가 우주를 여행하며 태양 근처를 지나갈 때 놀라운 일이 발생했어요. **신호가 태양 근처를 지날 때 예상보다 더 많은 시간이 걸렸던 거예요. 이것은 태양의 큰 질량이 주변 공간을 휘게**

---

* 정확히는 시공간이 휘었다고 얘기합니다. 시간과 공간은 사실 독립적이지 않고 얽혀 있는 존재이지만, 여기서는 공간의 굴곡에 대해서만 얘기하겠습니다.

만들어 신호의 경로를 바꿨다는 증거였죠. 더욱 놀라운 것은 이 실험 결과가 아인슈타인의 상대성 이론과 1/1000 오차 이내로 정확히 일치했다는 사실이에요.

하지만 여기서 한 가지 의문이 생깁니다. 공간이 휘어 있다면, 과연 어디로 휘어 있는 걸까요? 우리는 3차원 세계에 살고 있어서 더 높은 차원의 공간을 볼 수는 없습니다. 그러나 과학자들의 관찰과 연구는 공간이 실제로 더 높은 차원으로 휘어 있다는 가설을 지지하고 있어요.

과학은 이러한 신비로운 비밀들을 하나씩 풀어가는 끊임없는 모험과도 같습니다. 비록 눈에 다 보이지는 않지만, 우리가 살아가는 세계와 우주를 형성하는 것들을 탐구하고 이해한다는 것은 정말 매력적인 일입니다!

무중력에 대해 99%가 오해하는 사실

SF 영화를 보면 우주 정거장에서 우주인들이 둥둥실 떠다니는 장면이 많이 나옵니다.

이 장면을 보면서 한 번쯤 이런 생각을 했을 거예요.
'무중력은 어떤 느낌일까? 재밌겠는데?'

중력은 지구에서 거리가 멀어질수록 약해져요.
우주 정거장은 땅에서 350km 떨어진 곳에서 지구 주위를 돕니다.
그럼 중력은 겨우 10% 작아집니다.
만약 내가 100kg이라면 살을 10kg 뺀 정도로만 가벼워지는 것이죠.

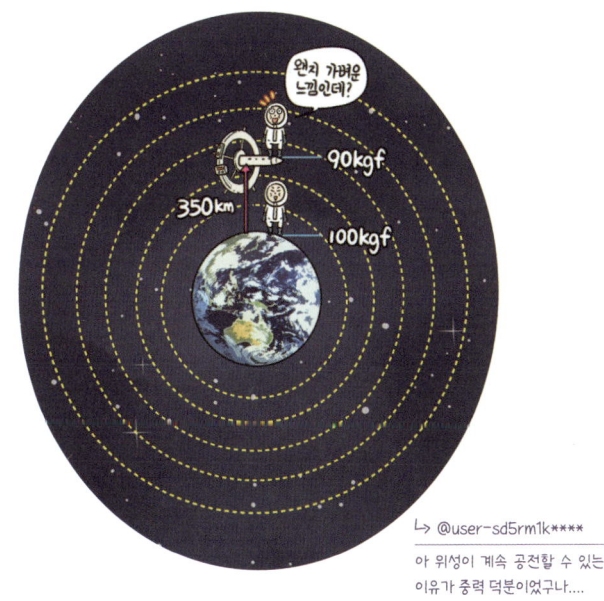

↳ @user-sd5rm1k****
아 위성이 계속 공전할 수 있는
이유가 중력 덕분이었구나....

그렇다면 무중력에서는 왜 떠다니는 것일까요?

영화 속 우주인들은 확실히 중력에 의해 지구로 떨어지고 있습니다.
하지만 우주 정거장도 똑같이 떨어지고 있죠.

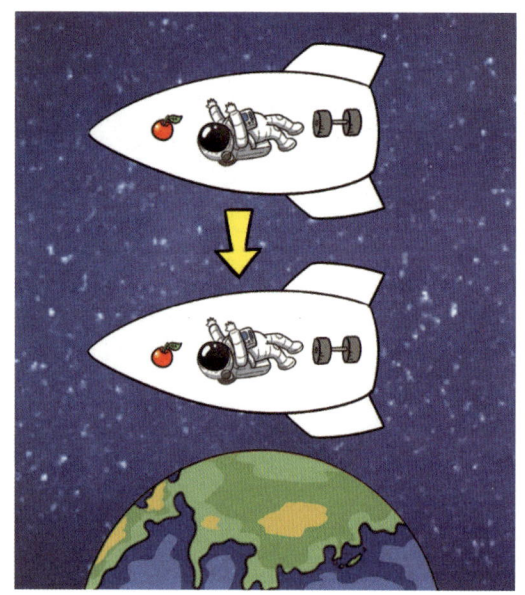

이것은 엘리베이터의 줄이 끊어져서 떨어질 때와 똑같아요.
자유 낙하* 라고 하죠.
우리는 떨어지는 엘리베이터 안에서 무중력을 느낍니다.
만약 떨어지는 찰나에 옆을 본다면
사과가 떠 있을 거예요.

* 정지되어 있던 물체가 중력을 받아 속력이 빨라지면서 지면을 향하여 떨어지는 운동입니다.

엘리베이터는 곧 땅에 추락하지만
우주 정거장과 영화 속 우주인들은 그렇지 않죠.

왜냐하면 지구는 둥글기 때문이에요.

만약 지구에서 앞으로만 이동하면 땅과의 거리가 멀어집니다.
우주 정거장은 땅으로 떨어지는 동안
빠르게 앞으로 이동하기 때문에
땅과의 거리가 일정해지고
지구 주변을 계속 돌게 되죠.

하지만 사실 아인슈타인은
이런 자유 낙하가 무중력과 똑같다고 했습니다.
이를 등가 원리라고 해요.

↳ @chocolatemint****
무중력이지만 무중력이 아니라니;;;

↳ @user-xd2ue7****
무슨 뜻인지 이해 못했는데, 무슨 말인지는 알겠어!

그래서 우주 정거장은
내가 아는 무중력은 아니지만, 사실 무중력입니다.

↳ @user-kc1xs9****
결론: 무중력 상태가 맞다. 허나 '통상적으로 생각하는 무중력의 개념'과는 다르다.

등가 원리

사실 우리가 일상에서 느끼는 중력은 우주의 거대한 미스터리 중 하나였습니다. 17세기 천재 과학자 아이작 뉴턴은 '만유인력'을 대중에게 소개합니다. **만유인력은 질량을 가진 모든 물체가 서로를 잡아당기는 힘을 말해요.** 그래서 사과가 나무에서 땅으로 떨어지고, 사람이 제자리에서 뛰어도 다시 땅으로 떨어지죠.

하지만 재미있는 사실은 만유인력이 굉장히 약하다는 것입니다. 옆에 있는 친구가 아무리 무거워도 그 친구가 나를 잡아당겨 움직일 정도의 힘을 발휘하지는 못하죠. 하지만 이 힘이 우주 규모로 커지면 얘기가 완전히 달라집니다. 행성처럼 엄청나게 큰 질량을 가진 물체들 사이에서는 이 힘이 중력으로 작용하죠. 만유인력이 거리가 멀어질수록 약해지는 것처럼 중력은 행성에서 멀어질수록 점점 약해집니다. 정확히는 거리의 제곱에 반비례하여 힘이 약해집니다.

$$중력 \propto \frac{1}{거리^2}$$

여기서 한 가지 맹점이 생깁니다. 중력은 행성에서 멀어질수록 빠르게 약해지지만, 결코 0이 되지는 않는다는 사실이에요. 결국 중력에 대한 뉴턴의 관점에선 무중력은 존재하지 않는 것입니다.

하지만 20세기에 아인슈타인은 중력을 완전히 새로운 방식으로 생각했어요. 내가 등굣길 버스 안에 있다고 상상해 보세요. 정지했던 버스가 갑자기 출발하면 마치 누군가 뒤에서 잡아당기는 것처럼 몸이 뒤로 쏠립니다. 이것을 '관성력'이라고 해요. 가속하는 공간 안에서 가속하는 방향과 반대 방향으로 작용하는 힘이죠. 하지만 이것은 실제 힘이 아닙니다. 버스 바깥에 있는 친구가 나를 본다면 '버스가 갑자기 출발하고 내 발이 버스를 따라 움직이는 것'처럼 보일 거예요. 하지만 몸은 아직 제자리에 있기 때문에 몸이 뒤로 기울어지는 것이죠.

아인슈타인은 가속하는 버스 안에서 느끼는 관성력이 중력과 동일한 것이라고 했습니다. 이것을 '등가 원리'라고 해요. 그런데 이상합니다. 중력은 질량을 가진 물체끼리 잡아당기는 만유인력이고, 관성력은 가속하기 때문에 발생하는 건데 어떻게 둘이 같을 수 있을까요?

물론 고전과학 이론에서 중력과 관성력은 다릅니다. 하지만 중력을 시공간의 굴곡으로 해석하는 아인슈타인의 관점에 따른다면 중력과 관성력은 같습니다. 중력이 생기는 이유를 질량을 가진 물체끼리 잡아당기기 때문이라고 해석하지 않고, 휘어진 시공간의 굴곡을 따라 움직이기 때문이라고 해석하죠. 공이 휘어진 굴곡을 따라 아래로 굴러 내려가는 것처럼 말이에요. 이러한 해석에선 관성력과 중력을 동일한 관점으로 볼 수 있어요.

물체가 중력만을 받으며 아래로 떨어지는 것을 자유 낙하라고 합니다. **자유 낙하하는 물체는 가속하기 때문에 관성력을 받습니다. 이때 관성력의 크기가 중력의 크기와 똑같습니다.** 하지만 방향은 서로 반대이기에 두 힘은 상쇄되어 사라집니다. 그런데 아인슈타인의 관점 대로 중력과 관성력이 동일한 것이라면 이것은 서로 다른 힘이 작용해서 상쇄된 것이 아니라, 그냥 아무런 힘도 작용하지 않은 것과 같습니다. 즉, **자유 낙하하는 물체는 진정한 무중력 상태에 있는 것이죠.** 무중력은 줄이 끊어진 엘리베이터나 지구로 끝없이 떨어지는 우주 정거장처럼 중력에 의해 가속되는 공간에서 발생합니다. 이것이 바로 시공간의 굴곡을 따라 자연스럽게 흐르는 상태이고, 진짜 무중력입니다.

밀물과 썰물이 생기는 이유

바다에서는 왜 하루에 두 번
밀물과 썰물이 생길까요?

왜냐하면 지구 표면의 바닷물의 높이는 일정하지 않고
달과 가까운 쪽과 먼 쪽에 있는 바닷물이
더 많이 부풀어 있기 때문입니다.

그게 밀물, 썰물과 어떤 관련이 있냐고요?
지구는 자전을 하면서
내 위치가 바다가 부푼 쪽으로 향할 땐 밀물이 되고,
부풀지 않은 쪽으로 향할 땐 썰물이 되는 것이죠.

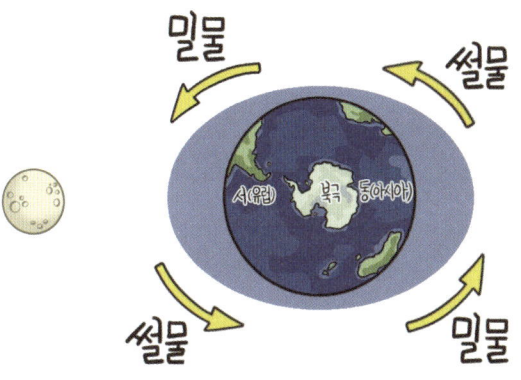

그렇다면 바닷물은 왜 부풀까요?
달과 가까운 쪽은 달이 잡아당기는 인력 때문일까요?
그렇다면 반대쪽은 왜 부풀까요?
혹시 지구 자전에 의한 원심력 때문일까요?

↳ @790.****
고3 때 물리선생님이 달 가까운 쪽은 잡아당겨서 물이 높아지고 먼 쪽은 안 잡아당겨서 높아진다고 설명하셨는데 그런 표현도 맞는 듯….

자전에 의한 원심력이면
회전 방향을 따라 모두 부풀어야 하잖아요?
달과 가까운 쪽과 먼 쪽만 부풀 이유가 없죠.

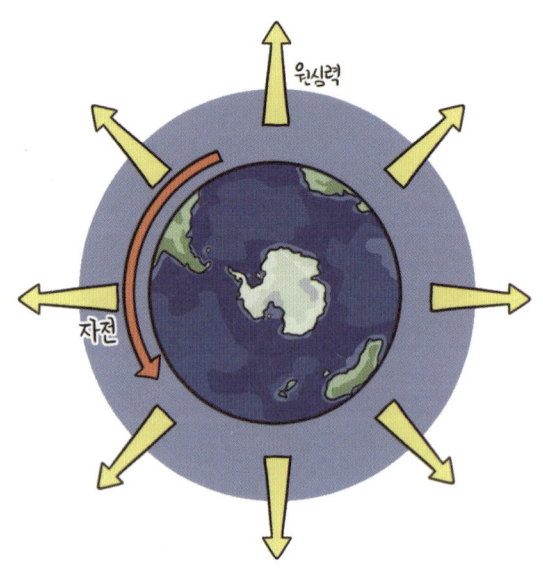

우리는 달이 지구를 돈다고 생각하지만
사실은 그렇지 않습니다.
달과 지구는 서로 잡아당기기 때문에
지구도 달과 함께 돌고 있죠.

태양의 입장에서 본다면
지구와 달은 질량 중심을 기준으로 서로 돌고 있는 셈이죠.

↳ @JustRandomWond****
달과 지구는 떼려야 뗄 수 없는
천생연분.

지구가 달보다 많이 무겁기 때문에
질량 중심이 지구 표면 안쪽에 있지만요.

질량 중심에 대한 지구의 공전은
지구의 모든 부분에 동일한 원심력을 만듭니다.
하지만 달의 중력은 위치에 따라 방향과 크기가 다릅니다.
달과 가까우면 더 강하죠.

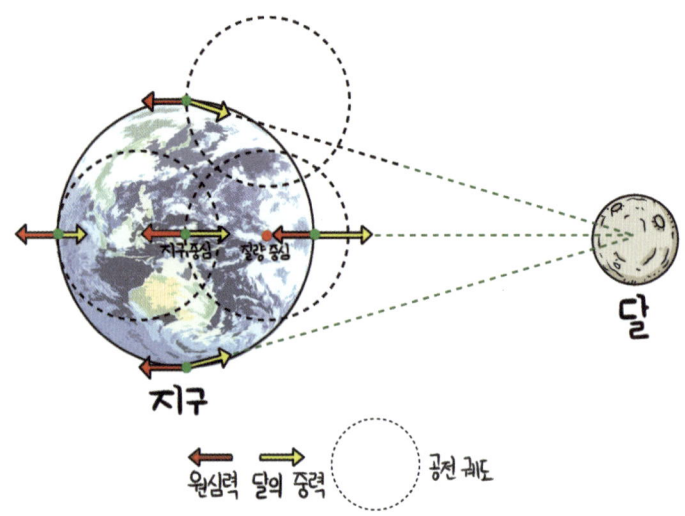

그래서 지구의 각 부분에 작용하는 원심력과 중력을 더하면
달의 가까운 쪽과 먼 쪽으로
바닷물을 부풀게 하는 힘이 나타나는 것입니다.

가끔 나는 뛰어난 누군가의 주위를 맴도는 조연 같나요?
하지만 그런 건 없어요.
세상도 나를 중심으로 돌고 있으니까요.

↳ @GEE****
밀물, 썰물 배우러 왔다가 감동받고 갑니다.

↳ @user-xo9oy8****
여기는 기승전도 좋지만 결이 너무 완벽하단 말이야.

↳ @newjeans__****
자전과 자존감은 서로 관련이 있다는 유익한 내용이군. 흠.

기조력

달에 가까운 쪽과 먼 쪽의 바다를 부풀게 하는 힘이 바로 달의 기조력입니다. 기조력은 '중력과 가속 운동은 똑같다'는 등가 원리를 주장한 아인슈타인을 가장 골치 아프게 했던 문제입니다. 하지만 동시에 아인슈타인이 '시공간의 굴곡'을 떠올릴 수 있게 해 준 고마운 녀석이기도 하죠.

조금 무서운 상상이지만 자유 낙하하는 엘리베이터 안에 있다고 생각해 봅시다. 나와 주변의 모든 것이 무중력 상태에서 떠 있는 것처럼 느껴지겠죠? 이것이 바로 아인슈타인이 떠올린 등가 원리인 '자유 낙하는 무중력 상태와 구별할 수 없다'의 예입니다.

하지만 자유 낙하 중인 엘리베이터가 끝없이 추락한다고 가정했을 때, 뭔가 이상한 점을 떠올릴 수 있습니다. 바로 자유 낙하를 하는 엘리베이터 안에 있는 나와 공중에 떠 있는 물체들의 거리가 서서히 서로 가까워진다는 점입니다. 지구의 기조력 때문에 생기는 현상이죠.

엘리베이터가 자유 낙하하면서 내 발은 머리보다 지구 중심에 더 가까워 더 강한 중력을 느낍니다. 이는 내 발과 머리를 양쪽으로 늘리는 효과를 만듭니다. 동시에 엘리베이터 안의 모든 물체는 지구 중심의 한 점을 향해 힘을 받게 됩니다. 따라서 물질들을 가까이 모이게 하고 내 몸을 압축시킵니다. 이와 같이, 늘어나고 압축되는 힘이 바로 기조력입니다. 우리가 평소에 기조력을 느끼지 못하는 이유는 그 힘이 너무 작아 발과 머리끝에서의 중력의 차이가 거의 없기 때문입니다.

기조력은 앞서 설명한 뉴턴의 중력 법칙으로 잘 설명됩니다. 하지만 아인슈타인은 뉴턴의 중력 법칙을 인정하지 않았어요. 그래서 등가 원리로는 설명할 수 없는 기조력의 이유를 찾아야 했고, 그 해답은 시공간의 굴곡에 있었습니다. **그는 중력이 물체들을 서로 끌어당기는 힘이 아니라, 질량이 시공간을 구부려서 물체들이 이 구부러진 경로를 따라 움직이게 만드는 결과라고 제안했죠.** 세계 지도를 머릿속에 펼쳐 놓고 같은 위도의 다른 위치에서 북쪽으로 이동하는 두 사람을 상상해 보세요. 평행하게 출발한 두 사람은 만날 수 있을까요? 네, 그 둘은 결국 북극에서 만나게 됩니다. 이는 신비로운 힘이 그들을 서로 끌어당기기 때문이 아니라, 지구 위 구부러진 표면을 따라 걷고 있기 때문이에요. 마찬가지로 아인슈타인은 기조력이 시간의 흐름에 따라 두 물체를 만나게 하는 **시공간의 굴곡** 때문이라고 설명했습니다.

밀물과 썰물이 나타나는 이유도 달의 기조력 때문입니다. 달의 질량은 시공간을 구부려 기조력을 만들어 내고 이 힘은 지구를 늘리고 압축시켜 바다

▲ 밀물과 썰물을 만드는 달

의 높낮이가 변화되도록 영향을 미칩니다. 지구가 자전하며 높이가 달라진 바다를 만나고 밀물, 썰물이 나타나는 것입니다. 물론 지구에는 달뿐만 아니라 태양을 비롯한 다른 여러 요소들의 기조력도 작용합니다. 하지만 달의 영향력에 비하면 미미하죠. 밤바다의 부서지는 파도 소리와 은은한 달빛이 매력적인 이유에는 이러한 시공간의 원리가 숨어 있답니다.

웜홀에 대한 짧고 직관적인 설명

미국에서 한국행 비행기를 타면
매우 이상한 점이 있습니다.
혹시 무엇인지 알고 있나요?

바로 비행기가 일직선이 아니라
곡선으로 날아가는 것입니다.

비행기에 탄 사람들에게 북극 구경을 시켜주려고 그런 걸까요?

그렇지 않죠.
이는 지구가 둥글기 때문에 생긴 오해예요.
둥근 지구본을 펴서 만든 2차원 지도에선
이 곡선이 더 길어 보이지만 실제로는 더 가까운 경로이죠.

물론 가장 가까운 경로는 지구를 뚫고 가는 터널일 거예요.
두 지점을 잇는 직선이니깐요.

어쩌면 미래에는 이 방법이 가능할지도 모르겠어요.
그런데 이 직선보다 더 짧은 경로가 존재할 수 있을까요?
불가능하다고요?

아인슈타인의 상대성 이론에 따르면
우리 세상은 시간과 공간이
서로 영향을 주고받는 시공간으로 얽혀 있어요.
위치와 속도에 따라서 서로 다른 시간을 경험하죠.

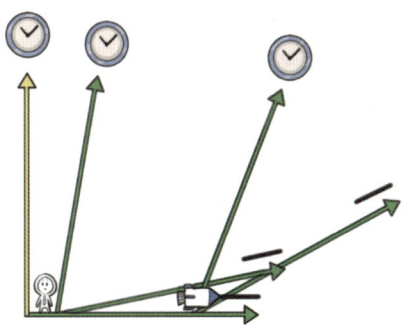

그리고 이 시공간은 휘어질 수 있어요.
3차원 존재인 우리는 4차원으로 휘어진 시공간을 볼 순 없지만,
휘어진 시공간으로 인해 나타나는 현상이 바로 중력이죠.

↳ @Jay-i****
시공간 얘기만 나오기 시작하면 내
뇌가 시공간 속으로 숨어 버린다.

3차원 세상의 공이 휘어진 공간을 따라 자연스럽게 구르는 것처럼
4차원 시공간 속 물질은 휘어진 시공간을 따라 자연스럽게 움직이죠.
우리는 이것을 '중력 때문에 가속한다'고 생각하는 것이죠.

↳ @kut****
북극 구경 패키지까진
이해했습니다.

그래서 휘어진 시공간 속에선
두 위치 사이의 직선이 가장 가까운 경로가 아닐 수 있어요.
3차원 지구본을 펴서 만든 2차원 지도의 직선이
가장 가까운 경로가 아닌 것처럼 말이죠.

그리고 극단적으로 휘어진 시공간에
구멍을 뚫은 것이 바로 '웜홀'입니다.

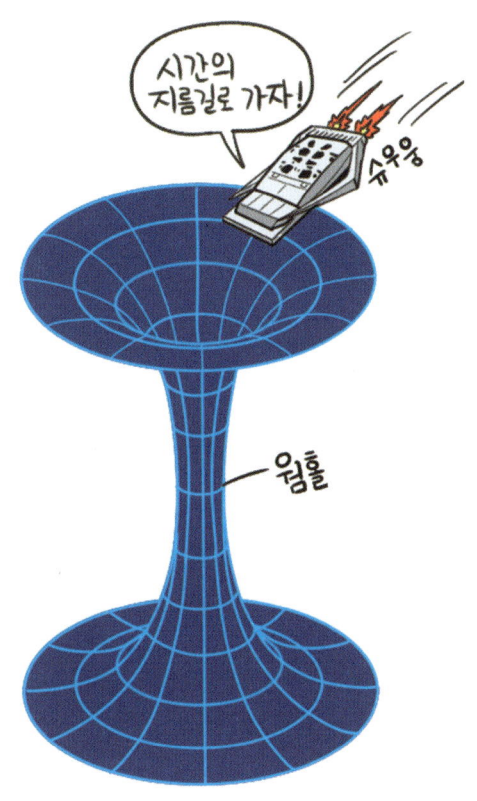

↳ @user-fk4nk1****
진짜 뇌가 휘어지는 유익한 내용입니다. 감사합니다.

↳ @user-cf2qy4****
터널 뚫어서 여행 다녔는데 이제 곡선으로 다니려고요. 감사합니다!!!

↳ @iliilliiill****
오 대박 어려운 주제 중에 유일하게 이해했어요!!!! 근데 웜홀은 어떻게 뚫나요??

알아 두면 쓸모 있는
과학 지식

웜홀

    우주의 심연 속에 시간과 공간 자체를 연결하는 관문이 있다고 상상해 보세요. 마치 공상 과학 소설에나 나오는 장면 같나요? 그런데 여기엔 반전이 있습니다. 단지 상상력의 결과가 아니라 아인슈타인의 일반 상대성 이론 안에서 탄생한 개념이라는 거죠. 이를 웜홀, 다른 말로 우주의 지름길이라고 합니다.

    웜홀은 먼 곳으로 순식간에 이동할 수 있는 신비로운 포털* 같은 것입니다. 아인슈타인의 방정식은 이러한 환상적인 터널이 존재할 수 있다고 제시합니다. 이 터널은 시공간을 구부려 거리가 멀리 떨어진 두 지점을 연결합니다. 여

▲ 소설이나 영화에 등장하는 포털

기서 잠깐 짚고 넘어가자면, 수학적으로 가능하다고 해서 이 우주의 다리가 실제로 존재한다는 것은 아니에요. 과학은 진리가 아니고 언제나 틀릴 가능성이 있으니까요. 그리고 지금까지 웜홀의 존재를 나타내는 어떠한 흔적도 발견되지 않았습니다.

---

* 커다란 정문을 뜻하는 영어 단어로, 판타지 소설이나 영화에서는 서로 다른 공간이나 시대를 이어 주는 문을 의미합니다.

조금 더 자세히 알아볼까요? **웜홀을 만들기 위해서는 음의 에너지가 필요합니다.** 우리가 아는 에너지의 반대 개념, 즉 반중력을 가진 것이죠. 이는 UFO처럼 물체가 공중에 뜨게 할 수 있는 에너지입니다. 일반적으로는 불가능해 보이는 개념이지만, 양자 역학에서는 가능하다고 여깁니다. 실제로 과학자들이 실험실에서 이 음의 에너지를 확인한 적이 있습니다. '카시미르 효과'라는 현상이죠. 하지만 웜홀을 만들고 유지하기에 이 음의 에너지는 너무나도 작습니다. 마치 반딧불과 태양을 비교하는 셈이죠.

경이로운 과학 개념도 그 역사를 보면 처음에는 늘 비현실적인 것부터 시작했습니다. 르메르트가 우주가 팽창한다고 처음 제안했을 때 아인슈타인은 그를 비웃었어요. 하지만 허블의 망원경이 우주의 끝없는 팽창을 밝혀냈죠. 그리고 한때 단지 수학적 호기심에 불과했던 블랙홀은 이제 우주의 현실이 되었고요. 그렇다면 우리가 아직 발견하지 못한 웜홀도 어쩌면 존재하지 않을까요? 언젠가 인류는 그러한 포털을 발견할지도 모릅니다.

타임머신은 진짜 가능할까?

05

만약 100만 달러를 상금으로 걸고
누군가 제 머리에 총을 겨눈 상태에서
시간 여행이 가능할지, 아니면
빛보다 빠른 게 가능할지 묻는다면
저는 '시간 여행'이라고 답할 거예요.

우주 이론의 근원 중 하나는 광속 불변입니다.
'빛의 속력은 바뀌지 않는다'는 사실이죠.
이는 검증된 사실입니다.

이를 바탕으로 우리 우주를 이해하는
상대성 이론이 나옵니다.

상대성 이론은 현재까지 밝혀진 우주의 모든 현상을 거의 정확히 예측했죠.

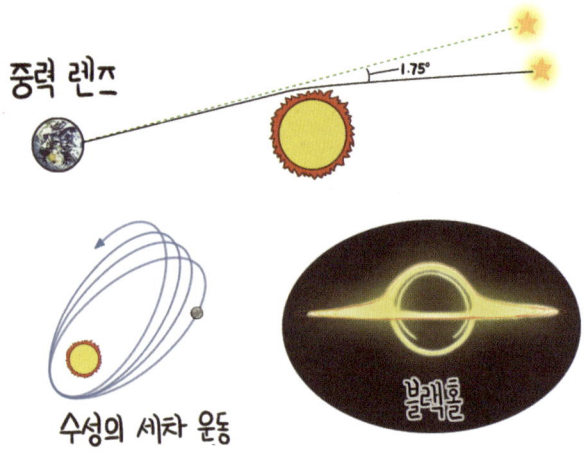

상대성 이론에 따르면 시공간은 구부러집니다.

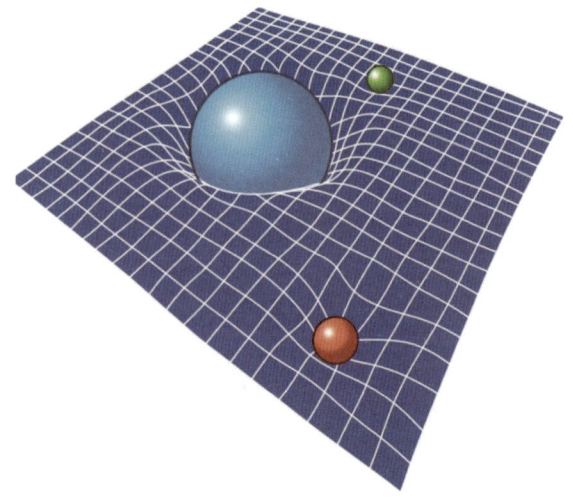

구부러진 시공간에 구멍을 뚫어 만들어진 통로를
웜홀이라고 하죠.

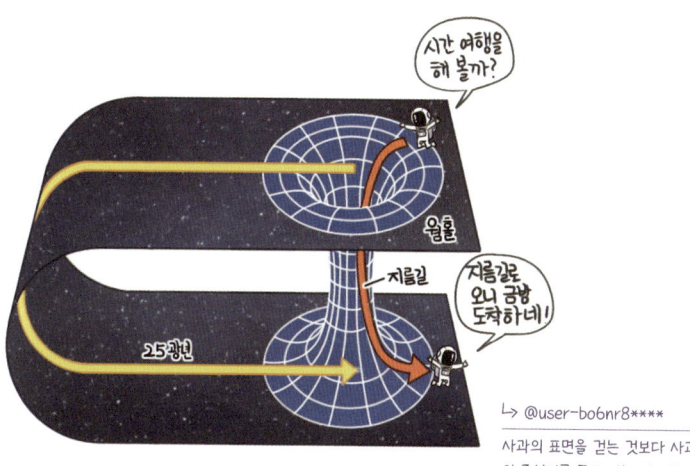

↳ @user-bo6nr8****
사과의 표면을 걷는 것보다 사과의 중심지를 뚫고 가는 게 빠르다고 생각하면 웜홀의 개념을 이해하는 데 쉽습니다.

미래에 내가 매우 빠른 속도로
1년간 우주 출장을 다녀온다고 가정해 봅시다.
지구에 있는 아내와 실시간으로
연락을 주고받기 위해 웜홀을 이용해요.

상대성 이론에 따르면 시간은 상대적으로 흐릅니다.
시간은 움직임이나 중력 등의 영향을 받아 서로 다르게 흐르는 것이죠.

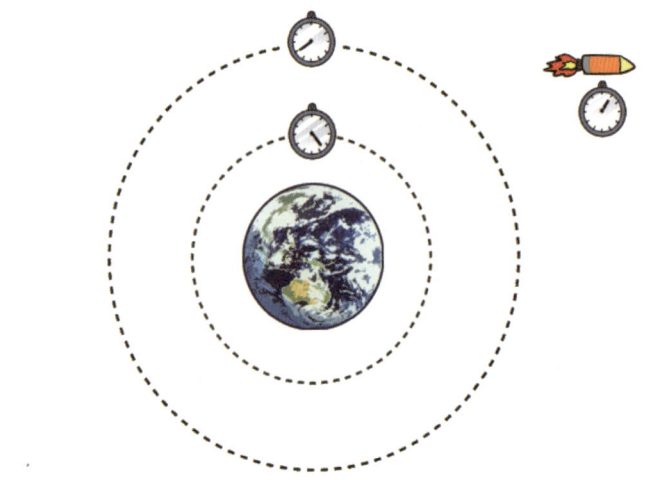

우주 출장을 다녀온 1년 동안
지구는 '시간 지연'으로 5년이라는 시간이 흐릅니다.

그런데 우주 출장 중에 웜홀을 통해 실시간 연락을 주고받았던
웜홀 건너편의 아내는 1년이 지났지요.
따라서 내가 웜홀로 이동한다면
나는 4년 전으로 돌아가는 것이에요.

↳ @naturalwhiteba****
근데 출장 갔을 때 연락이 되나?

아내를 만나고 돌아간다면 재밌는 얘기도 할 수 있을 거예요.
"당신, 4년 후에 재혼하더라??"

↳ @_J****
ㅋㅋㅋㅋㅋㅋ 막장 드라마네요 ㅋㅋ

↳ @na****
와 진짜 예측이 안 된다 이 형 드립은 ㅋㅋㅋㅋㅋㅋㅋㅋ

↳ @user-sg3yc7****
웜홀이 생기면 세계관이 많이 복잡해지겠네....

알아 두면 쓸모 있는 과학 지식

상대성 이론

1865년 독일의 물리학자 제임스 클러크 맥스웰은 전기와 자기 현상을 연구했습니다. 그리고 이 현상들에 대한 관찰 결과와 법칙들을 모아 전자기 현상을 설명하는 통일된 이론을 만들었는데, 이것이 바로 물리학과나

▲ 전자기학의 기초를 정립한 맥스웰

전자공학과에서 배우는 '맥스웰 방정식'입니다. 그런데 이 방정식에는 이상한 사실이 하나 있었습니다. 바로 빛의 속력은 관찰자의 움직임과 상관없이 항상 일정하다는 것이었죠. 이상하지 않나요?

이 이상한 현상을 이해하기 위해 간단한 예를 들어 볼게요. 달리는 기차 안에서 기차가 달리는 방향으로 야구공을 던집니다. 비록 내 투구 실력이 보통이라 할지라도 기차 밖에서 보는 사람에게는 공이 놀라울 정도로 빠르게 보일 것입니다. 왜냐하면 내가 던진 공의 속도에 기차의 속력이 더해지기 때문이죠.

그러나 이제 야구공을 빛으로 바꾸고 맥스웰의 방정식을 적용해 보면 상황이 달라집니다. 기차 안에서 손전등을 켜면 빛은 299,792,458m/s로 엄청나게 빠르게 날아갑니다. 이번엔 이것을 기

차 밖의 관찰자가 보았다고 가정합시다. 기차 밖의 관찰자에게 빛의 속력은 야구공의 경우처럼 '299,792,458m/s + 기차의 속력'이 되어야 합니다. 하지만 맥스웰 방정식은 빛의 속력이 관찰자에 상관없이 일정하다고 말하므로 빛의 속력은 기차 밖의 관찰자에게도 299,792,458m/s가 됩니다. 만약 기차가 엄청 빨라서 빛의 속력과 비슷하다고 하더라도 빛의 속력은 여전히 299,792,458m/s입니다.

이러한 사실은 당시 과학자들에게도 매우 이상한 일이었습니다. 하지만 맥스웰의 방정식은 관찰을 바탕으로 나온 결과였기 때문에 부정할 수 없었습니다. 그래서 다른 설명을 찾기 시작했죠. 매질*을 통해 전달되는 다른 파동들처럼 빛도 에테르라는 매질을 통해 이동한다는 가설이 제시되었지만, 에테르는 결국 발견되지 않았습니다. **마이컬슨-몰리 실험은 에테르가 없다고 결론지었습니다.**

알버트 아인슈타인은 빛의 속도가 일정하다는 사실을 받아들이고 우주가 작동하는 가장 기본적인 원리로 제안했습니다. 이는 시간과 공간에 대한 우리의 기존 생각을 바꾸는 계기가 되었습니다. **시간이 서로 다르게 흐르고, 공간이 서로 다르게 인식된다면 빛의 속도가 일정하다는 사실을 설명할 수 있었죠.** 이것이 바로 상대성 이론의 출발점입니다.

상대성 이론은 우리 세계의 많은 현상들을 정확하게 설명하고 예측했습니다. 웜홀을 통한 시간 여행도 이 이론을 바탕으로 한 아

---

* 파동이 전달되기 위해 지나가야 하는 물질이나 환경을 의미합니다.

이디어 중 하나이죠. 그리고 물리학자 킵 손이 이에 대한 논문을 발표하기도 했어요. 물론 이론적으로 모순되지 않는다고 해서 실제로 가능하다는 것은 아니에요. 상대성 이론이 항상 진리는 아니며 자연의 모든 것을 설명하지는 못해요. 이론은 단지 자연을 묘사하기 위한 도구일 뿐입니다. 과학이 발전하면 상대성 이론의 한계를 극복하고 시간 여행의 가능성을 더 깊게 탐구해 나갈 수 있을 것입니다. 시간 여행이 실현되든 단지 이론으로 남든, 탐구의 여정은 분명 흥미로울 것 같네요.

4차원, 오늘부터 보여요!

우리는 3차원 존재입니다.
앞뒤, 좌우, 위아래로 움직일 수 있죠.
진짜 그런지 지금 한번 해 보세요!

프랑스의 철학자이자 수학자인 데카르트는
이런 공간을 직교 좌표계로 나타냈습니다.
하나의 축으로 표현되면 1차원,
서로 직각인 두 개의 축으로 표현되면 2차원,
여기에 각각의 축과 모두 수직인
세 번째 축이 존재하면 3차원이에요.
바로 우리가 살고 있는 세상이죠.

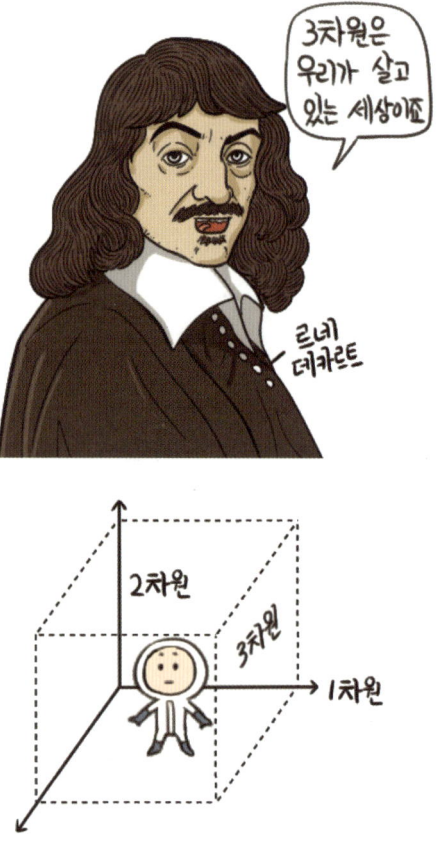

↳ @user-fb4zs4k****
데카르트… 뭘 이리 많이 한 거야.

여기에 또 세 개의 축과 모두 수직인
네 번째 축이 있다면 4차원이라 할 수 있죠.
그림으로 그리기는 어렵지만 말이죠.

우리는 3차원 존재이기 때문에 4차원을 볼 수도, 그릴 수도 없죠.
2차원 존재인 철수가 3차원을 보지 못하는 것처럼 말이죠.

이렇게 또 하나의 축을 그리면 되잖아요.
그리고 이 축이 나머지 3개의 축과 수직이라고 우기면 되죠?

내가 보는 세상은 3차원이겠지만,
그 세상은 지금 2차원에 담겨 있습니다.
내가 본 모습을 사진으로 찍는다고 생각해 보세요.
그리고 스케치북에 옮겨 붙이는 거죠.
어때요? 불가능한가요?

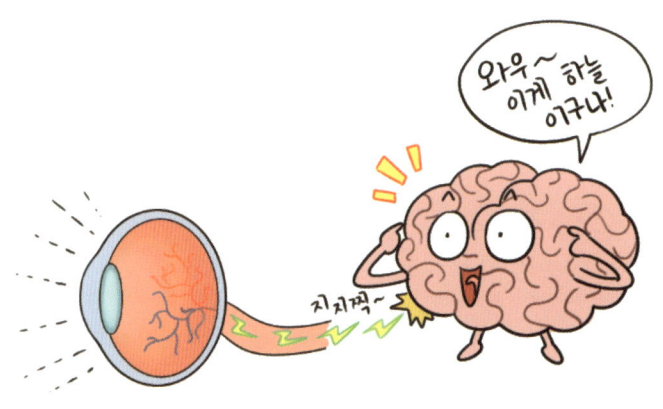

그런데 망막은 2차원 평면이지요?
3차원 정보를 2차원에 나타낸 것이죠.

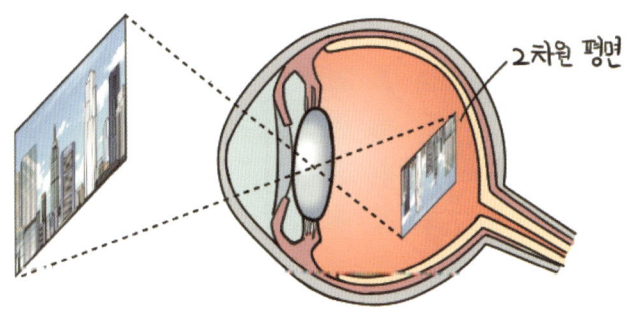

무슨 말인지 감이 오나요?
내가 보는 모니터나 스마트폰 액정은 2차원이죠?
그런데 우리는 그 속에서 3차원을 보고 있잖아요.

아까 3차원은 3개의 축이 90도라고 했죠?
그런데 정말 90도인가요? 아니죠?
우리가 2차원 평면의 정보를 그냥 90도라고 해석한 것이죠.
그러니까 4번째 축을 그리고,
4개의 축이 모두 90도라고 생각하면 됩니다.
이것이 4차원이죠.

이 안에는 3차원 공간이 4개 존재합니다.

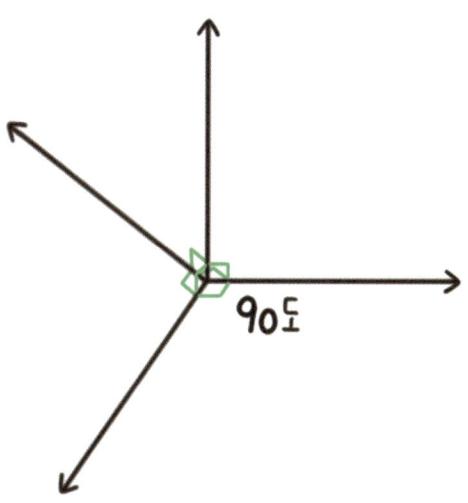

3차원 공간의 정육면체에는
2차원 공간(면)이 6개 존재합니다.

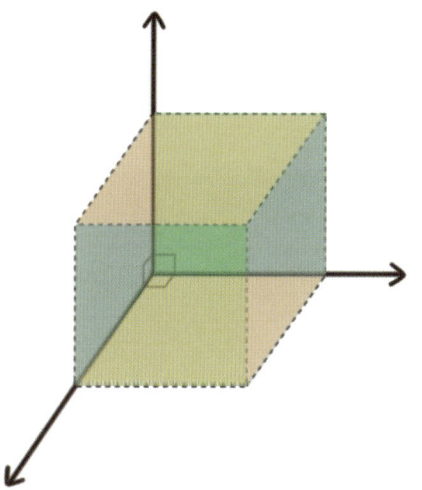

4차원 공간에서 공간으로 둘러싸인 4차원 물체에는
3차원 공간이 8개 들어 있습니다.
그리고 우리는 이것을 테서랙트라고 부르죠.

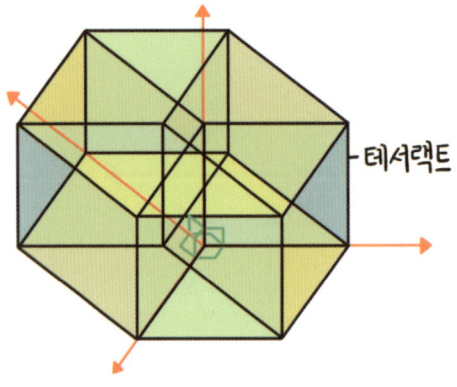

↪ @SeanP****
2차원 정보를 3차원에서는 한눈에 파악할 수 있는 것처럼 4차원 시각으로 보면 3차원 정보를 한눈에 볼 수 있어야 함. 예를 들어 주사위의 각 면을 마치 바로 앞에서 보는 것처럼 볼 수 있어야 한다는 뜻임. 그리고 멀고 가까운 것과는 상관없이 동일한 크기로 볼 수 있어야 함.

테서랙트를 다른 각도로 그리면 이렇게도 표현할 수 있어요.
이 안에도 8개의 3차원 공간이 들어 있죠.
직접 한번 찾아보세요.

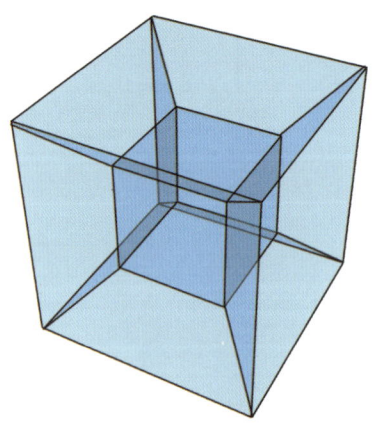

↪ @Zior_Park_ilove****
미쳤다. 초딩이라 이해하긴 어렵지만 대충 무슨 말인지는 알 거 같아요....

↪ @user-fc9et3****
우리가 외계인을 못 보는 이유...?!

4차원 기하

우리가 눈으로 보는 세상이 과연 진짜 현실일까요? 이 질문은 현실과 인식 사이의 경계를 모호하게 만듭니다. 사람은 보통 눈으로 보는 것이 절대적인 현실이라고 생각하지만, 이러한 인식이 생각만큼 명확하지 않을 수 있습니다. 우리가 눈으로 세계를 인식하는 과정을 생각해 보세요. 3차원의 정보가 우리 눈의 2차원 망막에 압축되어 전달됩니다. 우리가 3D 그래픽 영화를 2D로 된 평평한 화면에서 보는 것처럼, 우리가 눈을 통해 인식하는 것은 현실 그 자체가 아니라 변환된 정보입니다.

여기서 더 흥미로운 점은 이 2차원 망막을 통해 인식된 정보가 전기 신호로 변환되어 뇌로 전달된다는 것입니다. **우리의 뇌는 이 신호들을 해석하여 우리가 인식하는 세계를 만듭니다.** 만약 누군가가 나의 뇌를 해킹하여 조작된 전기 신호를 보낸다면 나는 전혀 다른 현실을 인지하게 될 수 있죠. 이것이 영화 〈매트릭스〉에서 인공지능이 인간의 머릿속에 가상 세계를 만들어 지배한 방법입니다.

단순히 공상 과학처럼 들린다고요? 하지만 오늘날의 발전된 가상 현실 기술은 충분히 그 가능성을 갖고 있답니다. VR 공간이나 게임 등의 가상 현실을 체험해 본 적이 있나요? 2차원 화면을 통해 3차원 세계의 환상을 만들어 냅니다. 우리의 뇌를 속여 깊이와 공간을 인지하게 하죠.

여기서 한 걸음 더 나아가 더 높은 차원을 인식할 수 있다면 어떨까요? 2차원 매체를 통해 3차원을 이해할 수 있는 것처럼 4차원 구조, 예를 들어 테서랙트를 이해하고 인식할 수 있을지도 모릅니다. 4차원 테서랙트를 이해하고 그 안에 있는 나를 상상해 보는 것은 매우 재밌는 경험일 거예요. 4차원에서 빛은 어떻게 이동하고 공간은 어떻게 변할지 상상만 해도 흥미롭지 않나요?

▲ 가상 현실 체험

물론 4차원 공간을 인식하는 것은 이론상으로만 가능한 일입니다. 하지만 이러한 개념을 이해하려는 시도 자체가 인식과 현실에 대한 이해를 넓힐 수 있죠. 2차원 망막을 통해 3차원 세계를 인식하는 것처럼, 4차원 구조를 해석할 수 있다면 경험의 한계를 극복하고 인식 범위를 더 넓게 확장할 수 있을 거예요.

이것을 봤다면 4차원을 본 것이다!

끈 이론*에는 3차원을 넘어선 고차원이 존재해요.

---

* 입자들이 0차원의 점이 아니라 1차원의 끈으로 구성되어 있다고 가정하는 물리학 이론입니다. 끈 이론에 대한 더 자세한 설명은 75쪽에 있습니다.

3차원 존재인 우리는 고차원에 갈 수 없죠.
그런데 만약 고차원 존재가 우릴 괴롭히면 어떡하죠?

3차원 존재인 내가 2차원 그림 속 주인공을
괴롭히는 것처럼 말이죠.

하지만 다행히 그런 일은 없습니다.
끈 이론이 맞다고 해도 말이죠.
한번 우리가 살고 있는 세상을 2차원으로 표현해 볼까요?

↳ @ruky****
한번 4차원 입장에서 3차원을 보고 싶다! 궁금해.

2차원 면에 수직한 차원이 고차원 벌크*예요.
우리가 느끼지 못하는 차원이죠.

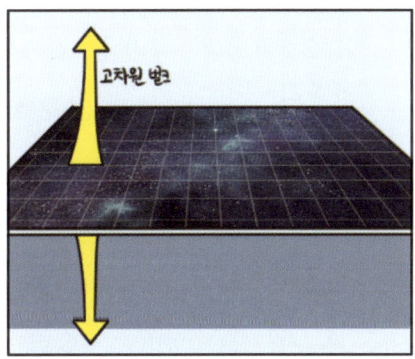

---

* 우리에게 익숙한 4차원 시공간(3차원 공간 + 1차원 시간) 외에 존재하는 추가적인 차원을 가리키는 용어입니다.

벌크의 어떤 존재가 우리 차원을 통과하면,
2차원이라고 가정한 현재 우리 차원에서는
갑자기 나타나 커졌다 사라지는 원처럼 보이겠죠?

그런데 사실 우리는 3차원이니까
실제로는 구처럼 보일 거예요.
원의 3차원 형태는 구이니까요.
하지만 그들과 우리는 서로 보거나 만질 수 없습니다.

끈 이론에 따르면 우리 세상을 구성하는 기본 입자들은
다른 차원과 상호 작용할 수 없거든요.

↳ @May-r****
아, 그래서 영화 〈인터스텔라〉에서 고차원으로 넘어간 아버지가 3차원에는 중력에만 영향을 끼칠 수 있어서 그런 식으로 메시지를 남겼던 거구나! 이제야 이해가 되네;;;

그럼 도대체 고차원이 없는 거랑
무엇이 다르냐고요?

중력은 고차원과 통할 가능성이 있습니다.

그래서 만약 고차원 존재가 나타나면
중력 이상이 발생할지도 몰라요.

중력은 빛을 굴절시키니까요.

그럼 이렇게 공간이 왜곡된 모습을 볼 수도 있죠.
영화 〈인터스텔라〉에서처럼요!

그러니 만약 내 방의 벽이
갑자기 일그러져도 겁먹지 마세요.
무사할 테니까요.

↪ @user-do5vv7****
그럼 간혹 프사에 공간이 일그러진 것은 고차원의 존재가
찍혔던 건가요??ㅋㅋ

↪ @favorite.soccer.****
과학이란 게 참 무서우면서도 말로 설명 못 할 것들이
너무 많아서 신비하고 새롭다.

끈 이론

    우리가 살고 있는 우주에 대한 기존의 이해를 뒤엎는 혁명적인 이론인 끈 이론에 대해 좀 더 알아봐요. 끈 이론에 따르면 우주는 단순한 3차원 공간이 아니라, 무려 10차원의 공간과 1차원의 시간이 합쳐진 11차원으로 구성되어 있다고 해요. SF 영화에서도 다루기 어려울 만큼 경이로운 영역이지만, 실제로 과학자들이 진지하게 탐구하고 있는 새로운 경계입니다. 아직까지는 끈 이론을 실험적으로 증명할 기술이 없기 때문에 이론 단계에 머물러 있지만, 그럼에도 불구하고 이론을 통해 많은 자연 현상들을 설명하고 과학자들이 오랫동안 해결하지 못한 난제에 대한 해답을 제시하고 있죠.

    우리가 일상에서 경험하는 세상은 마치 3차원의 상자 안에 살고 있는 것과 같아요. 앞으로 가거나 뒤로 가거나, 좌우, 위아래로 움직이는 것이 우리가 알고 있는 전부이죠. "대각선 방향으로 이동하는 것은요?"라고 물을 수 있겠지만 대각선 이동은 이 세 방향의 조합으로 가능합니다. 그러나 끈 이론은 우리가 보거나 느낄 수 없는 7개의 추가 차원이 존재한다고 주장해요. 이 추가 차원들은 너무나 작은 공간에 말려 있어서 우리 눈에 보이지 않고 현재의 기기로도 감지할 수 없다고 합니다.

아주 멀리 떨어진 곳의 벽을 본다고 상상해 보세요. 벽에는 흰 선이 그어져 있고, 흰 선을 따라 개미가 이동하고 있습니다. 개미는 앞이나 뒤로만 이동할 수 있는 1차원 선 위를 따라 이동하는 것처럼 보입니다. 그런데 흰 선을 따라 이동하는 개미가 사라졌다 나타나기를 반복하기 시작합니다. 이상한 마음에 가까이 다가가 보니 벽에 그려진 줄 알았던 흰 선은 사실 벽 앞에 설치된 기다란 줄이었어요. 멀리서 보았을 땐 개미가 이동하는 흰 선이 1차원 선인 줄 알았는데 가까이서 보니 좌우로 이동이 가능한 2차원이었던 것이에요. 개미는 그 줄을 따라 이동하면서 줄의 뒷면으로 갈 때는 보이지 않았던 것입니다. 이처럼 끈 이론에선 7차원 공간이 아주 작게 말려 있기 때문에 우리 세상은 3차원처럼 보입니다. 하지만 개미를 관찰하듯 가까이서 볼 수 있다면 숨겨진 차원을 발견할 수 있을 거예요.

끈 이론이 이러한 주장을 할 수 있는 근거는 중력이 다른 힘에 비해 매우 약하다는 것입니다. 양성자와 전자 사이의 전자기력은 중력보다 무려 1039배나 강합니다. 중력이 전자기력과 같은 힘을 내려면 전자의 질량이 항공 모함 10대 정도의 무게, 즉 100만 톤 정도로 커져야 합니다. 끈 이론 학자들은 중력이 이렇게 약한 이유가 중력을 전달하는 입자가 다른 차원으로 빠져나가기 때문이라고 주장합니다. 뉴턴의 중력 법칙에 따르면 중력은 물체 간 거리의 제곱에 반비례해서 약해집니다. 끈 이론은 극히 짧은 거리에서 중력이 더 빠르게 약해진다고 합니다. 중력이 다른 차원으로 빠져나가기 때문에 거리의 세 제곱에 반비례하거나 그보다 더 빠르게 약해질 수도 있는 것이죠. 현재의 실험으로는 0.1mm 이상의 거리에서만 중력을 신뢰성 있게 측정할 수 있으며, 그 이하의 거리에서는 뉴턴의 법칙이 확인되지 않았어요. 이것이 끈 이론을 증명하는 것은 아니지만 동시에 그것을 반증하는 것도 아닙니다. 우리가 아직 탐험해야 할 우주의 신비가 많이 남아 있다는 것을 보여 주는 것이기도 합니다.

결국 끈 이론이 우주를 이해하는 열쇠를 쥐고 있는지 확인하려면 시간이 더 필요하고, 더 발전된 실험이 필요하겠죠. 지금으로서는 우주에 숨겨진 차원들과 관련된 다양한 이론들에 어떤 공상 과학 모험보다도 흥미로운 개념으로 남아 있을 뿐이에요.

거리를 시간으로 나타낸다?

08

우리는 가끔 이상한 대화를 합니다.
"여보, 어디쯤이야?"
"이제 한 시간 거리야."
뭔가 이상하죠?

어디인지 물었는데 시간으로 대답했어요.
시간은 초, 거리는 미터(m)로 나타내야 하잖아요?

우리는 집 근처 편의점이 몇 미터 떨어져 있는지는 몰라도
5분 거리라는 것은 잘 알고 있죠.
서울에서 부산까지의 거리는 자동차로 4시간 30분이잖아요?
거리를 시간으로 말하다니 참 이상하죠.

1707년 이전까지 잉글랜드와 스코틀랜드는
서로가 생각하는 1인치(inch)가 미세하게 달랐어요.
그래서 상인들 간에 싸움이 끊이지 않았죠.
직물을 여러 겹으로 쌓아 놓으면 꼭 1~2장씩 차이가 났거든요.
서로를 의심했죠.

우리는 길이의 단위로 미터(m)를 사용합니다.
그런데 내가 생각하는 1미터와
친구가 생각하는 1미터는 같은 길이인가요?
우리는 어느 정도를 1미터라고 하는 걸까요?

자로 재면 된다고요?
그럼 둘의 자는 똑같은 길이인가요?
아마 $\frac{1}{1000}$ 영역쯤에 차이가 생길 거예요.
그럼 둘 중 어떤 것이 진짜 1미터일까요?
무엇으로 판단하죠?

처음에 과학자들은 지구 자오선*의 $\frac{1}{4000만}$ 을 1미터로 정했어요.
하지만 지구의 크기는 불변하는 것이 아니기 때문에 1미터의 길이가 미세하게 변할 수 있었죠.
그래서 1미터의 기준을 명확하게 정하기 위해서 불변하는 양이 필요했어요.

---

* 지구의 북극과 남극을 연결하며 특정 지점을 지나는 경도선으로, 지리적 위치와 시간대를 결정하는 기준이 되는 가상의 선을 말합니다.

시공간 속에서 영원히 변하지 않는 것,
바로 '광속'입니다.
과학자들은 빛이 진공 상태에서 299,792,458분의 1초 동안
진행한 거리를 1미터로 정의했어요.

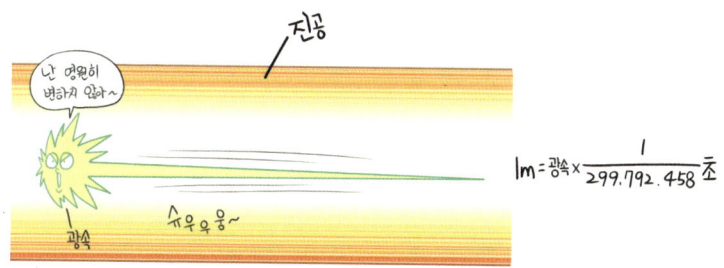

맞아요!
거리는 원래 시간으로 나타내는 거였어요.

↳ @user-ic5wt****
지구의 크기가 변한다고 해도 차이가 거의 없을 텐데 그 차이조차 없애기 위해서 광속을 이용한다는 게 대단하다....

↳ @Munaj****
1미터는 뭘 보고 정한 건지 항상 궁금했지만 귀찮아서 안 찾아보고 있었는데 이렇게 잘 알려주시니 감사하네요.

단위

단위의 기준이 정확해야 하는 이유는 단위가 과학적 발견과 기술적 혁신의 기반을 이루기 때문입니다. 예를 들어 정밀한 측정 없이는 공학 설계가 불가능하며 실험 결과의 신뢰성도 확보할 수 없습니다. 또한 일관된 단위 체계가 없다면 전 세계적인 협력과 소통이 불가능하겠죠. 예컨대 우리나라 연구소에서 개발한 신기술을 미국이나 일본에서도 정확히 이해하고 적용하려면, 모두가 같은 단위 체계를 사용해야 합니다.

미터(m): 빛의 속도에서 정의되다

1983년, 과학자들은 역사적인 결정을 내렸습니다. 미터를 빛이 진공 상태에서 299,792,458분의 1초 동안 이동하는 거리로 정의한 것이죠. 이 새로운 정의는 놀랍게도 물리적인 대상이 아닌, 빛의 속도라는 자연의 근본적인 상수*를 기반으로 합니다. 하지만 질문이 하나 생깁니다. 엄청나게 빠른 빛의 거리를 어떻게 측정할 수 있을까요? 우리나라에선 1미터를 측정하기 위해 아이오딘 안정화 헬륨-

---

* 수학이나 과학에서 값이 변하지 않고 일정하게 유지되는 수나 물리적 양을 의미합니다. 예를 들어 원의 둘레를 지름으로 나눈 비율인 π(파이)는 항상 3.14159…로 일정한 상수입니다.

네온 레이저를 사용합니다. 고도로 정밀한 이 기기는 레이저 빔을 발사하여 진공 파장 길이를 매우 정밀하게 측정합니다. 이 측정값의 1,579,800.299배가 1미터가 되는 것입니다.

초(s): 세슘 원자의 진동으로 측정하다

세슘 원자가 9,192,631,770번 진동하는 시간이 바로 1초입니다. 이 정의의 놀라운 점은 세슘 원자의 진동수가 변하지 않는다는 것입니다. 즉, 초는 자연의 불변하는 리듬에 의해 정의되는 것이죠. 세슘 원자의 진동수로 만들어진 세슘 원자 시계는 30만 년 동안에 단 1초 정도의 오차가 발생한다고 합니다. 과학자들은 여기서 멈추지 않고 더 정밀한 시계를 만들기 위해 노력하고 있습니다.

킬로그램(kg): 플랑크 상수와의 연결이다

오랜 기간 킬로그램은 프랑스 파리에 보관된 백금-이리듐 합금 원기를 기준으로 삼았습니다. 하지만 이 원기의 질량이 시간이 지남에 따라 약간씩 변할 수 있다는 문제가 있었죠. 이러한 불안정성을 해결하기 위해 2019년부터 킬로그램은 물리적인 물체가 아닌 플랑크 상수를 기반으로 정의하기로 했습니다. 플랑크 상수의 값은 $6.62607015 \times 10^{-34}$ $m^2 \cdot kg \cdot s^{-1}$로 자연계에서 변하지 않는 불변의 상수입니다. 이 상수를 기준으로 킬로그램을 정의함으로써 더 정확하고 안정적으로 질량을 측정할 수 있게 되었죠.

이러한 정의들은 단순한 숫자 값이 아닙니다. 우리가 세상을 이해하고 설명하는 방식의 핵심이라고 할 수 있죠. 그리고 기본 단위들이 자연의 불변하는 상수에 의해 정의됨으로써 더욱 정밀하고 신뢰할 수 있는 기준에 맞춰 과학과 기술이 발전할 수 있는 것이랍니다.

에베레스트가 정말 가장 높은 산일까?

우리나라에서 가장 높은 건물은 서울의 롯데월드타워입니다. 무려 지상으로부터 555m나 되죠.

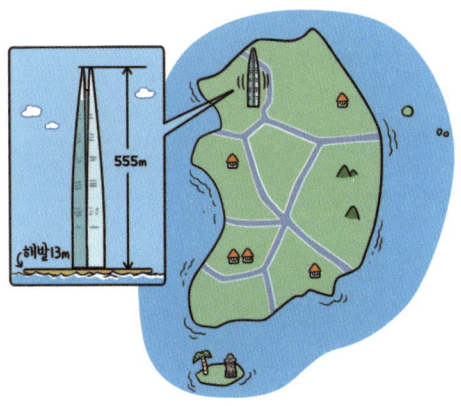

강원도 평창군 대관령에 사는 철수네 집이 더 높을 거예요.
대관령은 해발 700m나 되거든요.

그런데 해수면을 기준으로 높이를 비교하다니 이상합니다.
땅에서부터 높이를 재야 하지 않나요?

그럼 세계에서 가장 높은 산은 어디인가요?
해발 8,848m의 에베레스트 산일까요?
에베레스트 산은 해발 5,290m의 티베트 고원 위에 솟아 있습니다.

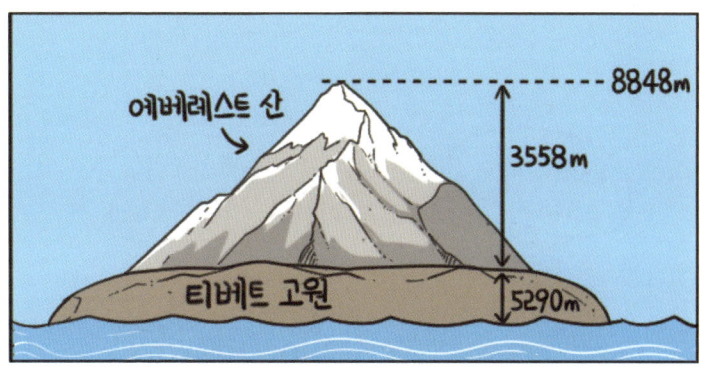

만약 내가 산을 오른다면
동아프리카 탄자니아에 있는 해발 5,895m의 킬리만자로 산이
에베레스트 산보다 더 높습니다.
해발 1,800m의 평원에서 4,095m나 올라야 하거든요.

↳ @user-rc6ph6****
편견을 깨 주시네요. 당연히 에베레스트라 생각했지, 기준에 대해서는 생각해 보지 않았네요.

산 높이는 당연히 해수면에서부터 재야 한다고요?
하지만 해수면은 일정하지 않아요.
그래서 남한과 북한에서 말하는 백두산 높이는 서로 다르죠.
지구는 둥글고, 모든 산 아래에 바다가 있는 것은 아니니까요.

그래서 산의 높이의 기준이 되는 '지오이드 모델'이 있습니다.*
하지만 가장 높은 산을 정할 때
꼭 이 기준을 따를 필요는 없잖아요?

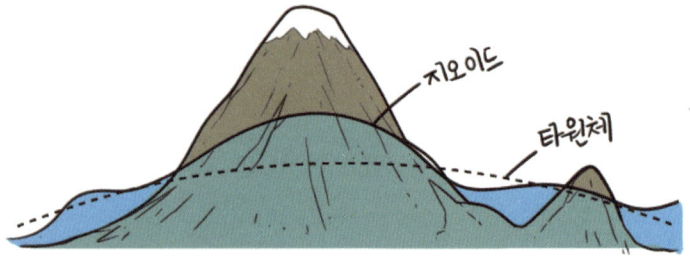

* 지오이드에 대한 자세한 설명은 94쪽을 참고하세요.

바다에 잠긴 산의 뿌리에서부터 높이를 잰다면
하와이 섬의 마우나케아 산이 가장 높고

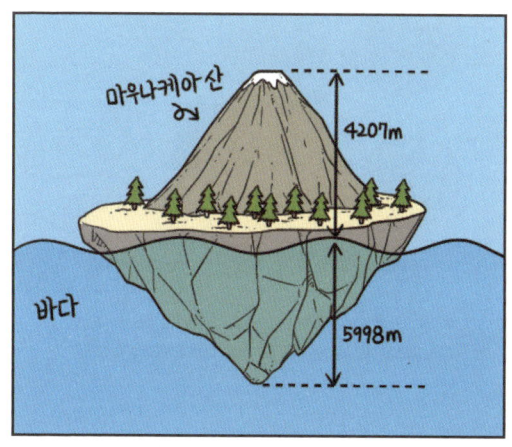

지구 중심에서부터 잰다면
에콰도르의 침보라소 산이 가장 높습니다.

↪ @fireeggfriend****
와! 기준에 따라 높이가 달라진다는 걸 이렇게 들으니 신선한 충격이네요.

사실 "가장 ○○하다"라는 것은 기준에 따라 바뀌기 마련입니다.

과학을 가장 잘하는 건 이과형이 아니지만
오징어뭇국을 잘 끓이면서, 3D 그래픽을 다루고,
과학을 가장 잘하는 건 이과형일 거예요.

↳ @GomsFac****
지리에서 슬그머니 철학으로 전
환되는 묘한 기분ㄷㄷㄷ

우리는 누구나 최고가 될 수 있어요.
아닌가요?
부모님께 우리는 항상 최고잖아요.

↳ @21-****
이렇게 따뜻한 이과라니....

↳ @User-r****
형, 뭐야? 왜케 설레는 거야.

지오이드

산의 높이를 왜 해수면에서부터 재는지 궁금한 적이 있나요? 해수면부터 높이를 재는 것은 어쩌면 당연해 보입니다. 왜냐하면 산은 건물처럼 명확한 시작점이 없으니까요. 육지가 끝나고 산이 시작되는 지점은 그리 분명하지 않습니다. 그래서 해수면을 보편적인 시작점으로 삼는 것이죠. 하지만 이때 문제가 시작됩니다. 바다는 결코 잠잠하지 않습니다. 파도는 끊임없이 출렁이고, 조수는 오르락내리락하며 해수면의 위치를 끊임없이 변화시키죠.

그래서 정확성을 추구하는 과학자들은 **여러 해 동안 바다를 관찰하고 평균 해수면을 계산해서 육지에 표시했는데, 이를 '수준원점(해수면 기준점)'이라고 합니다.** 수준원점 또는 해수면 기준점은 국가마다 다릅니다. 예를 들어, 백두산의 높이를 남한에서는 2,744m라고 하지만, 북한에서는 2,750m라고 하죠.

더 근본적인 문제는 모든 산이 바다 바로 위에서 솟아오르는 것은 아니라는 것입니다. 지구가 평평하다면 해수면을 연장하여 산의 높이를 잴 수 있지만, 지구는 평평하지 않아요. 그렇다면 산 아래 육지에서 해수면과 동등한 높이를 어떻게 결정할까요? 이 문제를 해결하기 위해 과학자들은 '지오이드'라는 개념을 세웠습니다. 바다가 없는 지구를 매끈하고 완벽한 구체라고 가정하고 회전시킵니다. 놀이 동산의 회전컵 놀이 기구가 속도를 높이면 사람이 바깥쪽으로 밀려나는 것처럼 지구의 회전으로 인해 지구의 적도 부분이 부풀어 오릅니다. 그러면 지구는 완벽한 구체가 아니라 가운데가 아주 약간 볼록한 타원체가 됩니다. 이제 여기에 물을 붓습니다. 지구의 중력이 물을 당겨 타원체를 감쌉니다. 만약 한쪽의 해수면이 더 높다면 물은 더 낮은 쪽으로 흘러 평평해질 것입니다.

하지만 실제 지구 표면의 중력은 곳곳이 다릅니다. 어떤 곳은 더 강하고, 어떤 곳은 더 약합니다. 중력이 강한 곳에서는 물이 더 모이고 약한 곳에서는 물이 덜 모입니다. 이렇게 **지구의 중력에 의해 형성된 가상의 물의 표면이 바로 '지오이드'입니다.** 모든 산 아래에는 이 가상의 해수면인 지오이드 선이 지나며 여기서부터 산의 높이를 재는 것이죠. 산의 높이를 재는 것은 단순히 자를 들고 측정하는 것이 아니라, 지구 자체를 이해하는 것입니다. 지구는 움직이고 회전하며 중력을 갖고 있는 흥미로운 행성이라는 것을 말이죠.

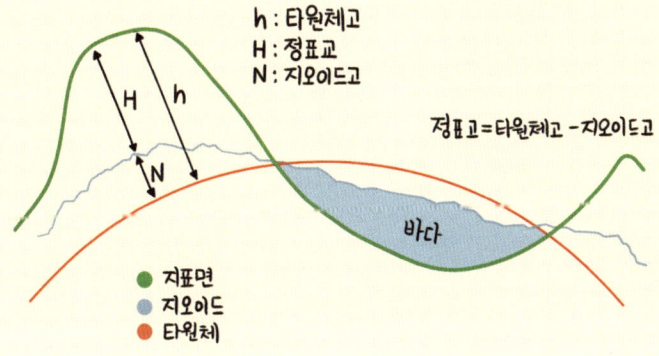

99%가 오해하는 태양계의 비밀

우리는 우주의 모습을 아주 잘 안다고 생각합니다.
특히 우리가 사는 태양계는 더욱 그렇죠.
그럼 내가 생각하는 태양계를 머릿속에 떠올려 봅시다.

아마 이렇게 떠올렸겠죠?

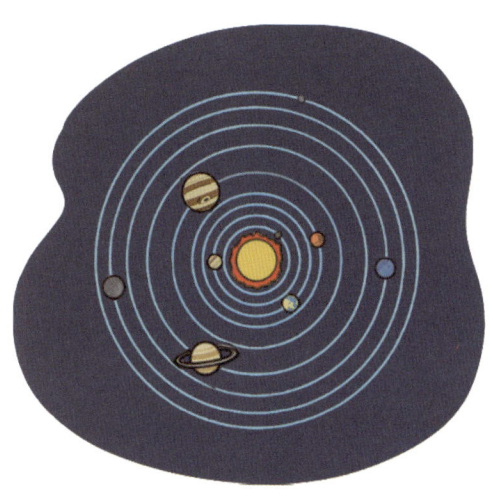

사실 태양은 지구가 130만 개나
들어갈 수 있을 정도 큽니다.
태양에서 해왕성 사이엔
태양이 3300개나 들어갈 수 있어요.

그래서 태양계를 떠올린다면
텅 빈 캔버스 중심에 작은 점 하나를 찍어야 맞습니다.
작은 점은 태양이고 행성들은 너무 작아 보이지도 않죠.

또, 태양계에서 태양이 차지하는 질량은 무려 99.86%나 됩니다.
나머지 행성과 소행성들은 고작 0.14%뿐이죠.

외계인들이 보는 태양계는 사실 그냥 태양인 거죠.
태양계에서 우리가 어느 정도 존재감이 있다고 생각하는 건
우리의 아주 큰 착각입니다.

다이아의 형태와 색을 결정하는 것은 0.05%의 불순물입니다.
원자에서 전자가 차지하는 질량은 0.05%도 안되지만
우리가 경험하는 물질의 모든 성질은 전자에 의해 결정되죠.

외계인들이 태양계를 특별하다고 여긴다면
태양의 신호 때문이 아니라
태양계 질량의 0.0003%에 불과한 지구에서 나오는
강력한 라디오 방송 때문일 거예요.

사실 실생활에서 무엇인가 중요한 결정을 하는 것은
항상 매우 작은 부분에 달려 있습니다.
이를 테면 나와 너 그리고
라면 스프 같은 것들 말이죠.

↳ @user-sq4lp8****
완성도는 디테일이 결정한다.

↳ @juankim****
이과로 시작해서 문과로 끝나는 무화과형....

태양계

아마도 내가 상상한 태양계는 분명 어마어마하게 클 것입니다. 하지만 실제 태양계는 내가 상상할 수 있는 어떤 경계보다도 더 넓고 경이로울 거예요. 그렇다면 태양계의 경계는 어떻게 정한 것일까요? 텅 빈 우주 공간에 '여기까지입니다'라는 표시선이 있을 리도 없을 텐데 말이죠. 이 질문에 답을 하려면 먼저 두 가지 개념을 알아야 합니다.

❶ 태양풍의 끝, 태양권계면

태양은 특유의 '냄새'를 우주 공간에 퍼뜨리는데, 이를 '태양풍'이라고 합니다. 전자와 다양한 입자들로 구성된 이 태양풍은 태양으로부터 멀어질수록 점점 약해져요. 마치 향수 냄새가 공간 속으로 퍼져 나가며 점차 희미해지는 것과 비슷하죠. 이 태양풍이 우주의 다른 별과 그 주변 물질에 의해 멈추는 지점이 바로 태양권계면입니다. 태양계의 첫 번째 경계이죠. 2012년 8월 25일, 인간이 만든 보이저 1호는 이 경계를 넘은 최초의 물체가 되었습니다. 태양과 지구 사이 거리의 무려 122배에 해당하는 거리를 나아갔죠.

❷ 중력의 경계, 오르트 구름

태양계의 두 번째 경계는 태양의 중력이 지배하는 최외곽 지역입니다. 태양은 그 엄청난 질량으로 인해 강력한 중력장을 형성하며 지구를 포함한 태양계의 행성들은 물론, 멀리 떨어진 오르트 구름에도 영향을 미칩니다. 오르트 구름은 태양과 지구 사이 거리의 3000~10만 배 사이에 위치한 얼음 덩어리들로 이루어진 지역입니다. 이곳은 태양의 중력이 외계 별들의 중력보다 더 강하게 작용하는 곳으로, 태양계의 두 번째 경계로 여깁니다. 현재 인간이 만든 물체는 겨우 이 경계의 0.1% 부분에 도달했을 뿐입니다.

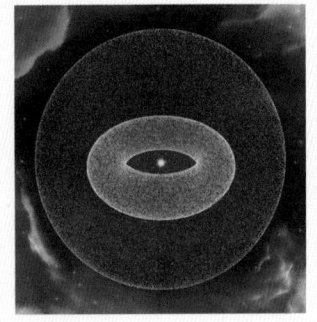
▲ 오르트 구름

태양계의 경계를 이해하는 것은 우리가 우주를 탐험하고 이해하는 방식에 있어 중요한 단계입니다. 태양계의 끝을 정의하는 이 두 가지 방법은 우리에게 우주라는 무한한 영역을 어떻게 나누고 정의할지 알려 줍니다. 그리고 무엇보다 신비로운 우주에 대한 우리의 호기심과 갈증을 채워 주죠.

외계인과의 전쟁은 일어날까?

'외계인이 정말 있을까?'라는 생각은 이상합니다.

은하에는 태양과 같은 별들이 약 천억 개 존재하고
관측 가능한 우주 안에만 이런 은하가 천억 개 존재하죠.
그 너머엔 또 얼마나 큰 우주가 존재할지
가늠조차 하기 어렵습니다.

무수한 별들 어딘가 외계인 한 명이 과연 없을까요?
오히려 '외계인은 정말 없을까?'라는 생각이 더 적절한 것 같네요.
우리는 외계인을 찾고 싶습니다.
보이저 1호*엔 지구의 위치가 담긴 레코드가 실렸어요.

아레시보 전파 망원경에선 M13(헤라클레스 자리의 구상 성단)으로
메시지를 보내기도 했죠.

---

* 1977년 9월 5일에 미국 NASA의 그랜드 투어(Grand Tour) 계획에 의해 발사된 외우주 탐사선이자 인류 역사상 가장 먼 거리를 탐사한 탐사선입니다.

하지만 이것은 매우 위험할 수 있습니다.

↳ @user-qf3ty1****
제발 지구 위치를 공유할 거면 지구인들 70억 명 동의 전부 다 받고 보내라고ㅠㅠ

역사상 문명과 문명의 첫만남은 항상 좋지 않았다는 것을
우린 잘 알고 있잖아요.
특히 먼저 발견을 당한 쪽이 그렇죠.

외계인이 우리를 먼저 찾았다면
그들의 문명은 더 뛰어날 거예요.
그렇다면 외계인은 우리를 왜 찾았을까요?

행성의 에너지는 결국 고갈됩니다.
그럼 남은 방법은 항성의 에너지를 쓰는 것이죠.*

↳ @manabob****
우리를 찾아올 수 있을 문명의 기
술이면 이미 전쟁의 의미가 없음

---

* '행성'과 '항성'은 우주에서 서로 다른 역할을 하는 천체입니다. 행성은 항성 주위를 도는 천체로, 스스로 빛을 내지 않으며, 공전과 자전을 통해 움직입니다. 지구, 화성, 목성 등이 이에 해당하지요. 반면 항성은 스스로 빛과 열을 발산하는 천체로, 태양이 이에 해당합니다. 항성은 핵융합 반응을 통해 에너지를 생성하며, 이 에너지가 빛과 열로 방출됩니다. 행성은 이러한 항성의 빛을 반사하여 우리에게 보입니다.

미국의 물리학자 프리먼 다이슨은
발전한 문명이 항성의 에너지를
이용할 수 있는 다이슨 스피어를 고안했어요.

그들에게 항성은 자원입니다.
자원을 채취하기 위한 새로운 식민지를 찾고 있죠.
바로 지구입니다.

↳ @Si****
우리를 발견해서 찾아올 정도의 기술이면 에너지 문제나 노동력의 문제는 이미 해결됐을 것 같아요.

하지만 너무 걱정 마세요.
다이슨 스피어는 특정 전자기파를 복사해야 해요.

일본문화연구소의 준 주카쿠는
80광년 이내에 그런 전자기파 복사가 있는지 연구했지만
아직 찾지 못했죠.

그럼 이제 시간 싸움인가요?
수천 년의 세월 끝에 인류가 얻은 교훈은
'역사를 잊은 민족에게 미래는 없다'는 것이죠.

수천만 년의 세월 끝엔
이런 교훈이 생길지도 몰라요.
"과학을 잊은 행성에게 미래는 없다."

↳ @dreamdive****
'삼체'라는 SF 소설 내용이 이것이죠. 우주는 암흑으로 뒤덮인 밀림이고, 모든 문명들은 그 밀림 속에서 총을 든 사냥꾼이라고.

↳ @tv-l****
외계인이 우리 눈에 보이지 않을 때가 행복할 때다.

↳ @sundowners****
오지에 있는 부족민처럼 그들의 문화를 존중, 보호해 줘야 한다고 초거대우주단체에서 지구를 보호구역으로 설정해서 외계문명이 태양계에 오지 않는다고 생각했는데 ㅋㅋㅋ

우주 문명

우주선의 조종석에 앉아 창문 너머로 아름다운 지구를 바라보며, 인류 문명의 진화에 대해 생각하고 있다고 상상해 보세요. 인류의 시작은 돌을 사용하던 석기 시대였고, 철을 다루는 기술이 생겨난 철기 시대로 발전했습니다. 그리고 산업 혁명을 거쳐 원자력을 이용하기 시작한 시점까지, 자원의 발견과 활용에 따라 인류의 문명도 발전해 왔죠.

이제 지구 너머 우주를 바라보며 더 큰 질문을 던집니다. '우주 문명의 발전은 어떻게 구분할 수 있을까?'라는 질문에 대한 해답은 1964년 러시아 물리학자 니콜라이 카르다셰프의 이론에서 찾을 수 있습니다.

카르다셰프는 지적 생명체가 사용하는 에너지의 크기에 따라 다른 복사파를 우주로 방출한다고 생각했습니다. 이를 바탕으로 그는 **외계 문명의 단계를 에너지 사용 규모에 따라 세 가지로 나눴어요.** 이것이 그 유명한 '카르다셰프 척도'입니다. 이 척도에 따르면 제1형 문명은 10^{16}W의 에너지*를 사용하는 문명입니다. 이들은 자신의 행성에서 사용 가능한 모든 에너지를 활용할 수 있어요. 화석 연료부

---

* 현재 전 세계 에너지 사용량의 약 1000배 정도에 해당합니다.

터 원자력, 태양열, 풍력, 지열에 이르기까지 모든 것을 완전하게 활용합니다. 심지어 날씨를 마음대로 다루거나 태풍의 방향을 조절하는 능력도 갖추고 있죠.

제2형 문명은 10^{26}W의 에너지를 사용합니다. 이러한 에너지 규모를 달성하려면 이 항성에서 방출되는 모든 에너지를 이용해야 합니다. 다이슨 구체 같은 구조물을 이용해 별에서 방출되는 핵융합 에너지를 모두 수집할 수 있는 능력을 갖추죠.

마지막으로 제3형 문명은 10^{36}W의 에너지를 사용해요. 이들은 자신이 속한 은하에서 발생하는 거의 모든 에너지를 활용할 수 있으며, 이를 위해 은하 내의 수많은 별들을 식민지화하고 에너지를 추출해야 합니다. 이는 마치 광대한 은하 제국을 연상시키죠.

현재 인류의 에너지 사용량은 10^{13}W로 카르다셰프 척도에서 0.7단계에 해당합니다. 이는 지금의 발전 속도가 지속된다면 약 100년 후에 1단계 문명에 도달하게 된다는 것을 의미해요. 일부 과학자들은 인류가 제2형 문명에 이르기까지 1000년에서 5000년, 제3형 문명에 이르기까지는 10만 년에서 100만 년이 걸릴 것으로 예상합니다.

하지만 이러한 발전을 이루려면 기후 위기, 소행성 충돌, 빙하기 같은 여러 가지 위기를 극복해야만 합니다. 그럼에도 불구하고 인류가 지구를 벗어나 우주로 나아가는 모습을 상상하는 것은 매우 가슴 벅찬 일입니다. 우주로의 여정 자체에 무한한 가능성이 있을 뿐만 아니라, 그 너머에는 인류가 마주할 새로운 도전과 발견이 있을 테니까요.

우주의 끝은 어떤 모습일까?

한번 우주의 끝에 가 볼까요?
빛보다 빠를 수는 없으니
빛의 속도의 99%로 가 봅시다.
벌써 달까지 도착했네요.

시공간의 상대성을 고려하면
태양까지는 약 70초가 걸릴 거예요.
하지만 아무리 오래가도 우주의 끝은 보이지 않네요.
우주가 너무 큰가 봐요.
그래도 언젠가는 나오겠죠?

시간이 별로 없으니까
웜홀을 통해 우주의 끝 근처로 순간 이동을 하는 거예요.
이제 조금만 더 가면 우주의 끝을 볼 수 있겠죠?

우주는 빛보다 빠른 속도로 팽창합니다.
그래서 우리는 우주를 따라잡을 수 없어요.

또 우리가 웜홀을 통해 우주의 어느 곳에 도착하더라도
먼 우주의 모습은 항상 똑같이 보일 거예요.
이게 대체 무슨 소리일까요?

구면 위에 존재하는 2차원 세상 속 개미는
자신의 세상이 휘었는지 모릅니다.
그래서 결코 개미는 세상의 끝을 찾을 수 없어요.
끝이 없으니까요.

우리 우주를 2차원으로 바꾸고 고차원에서 본다면
우리 우주는 휘어진 시공간을 가지고 있습니다.
아인슈타인 방정식은 우주의 모양에 대한
세 가지 가능성을 말해 줍니다.

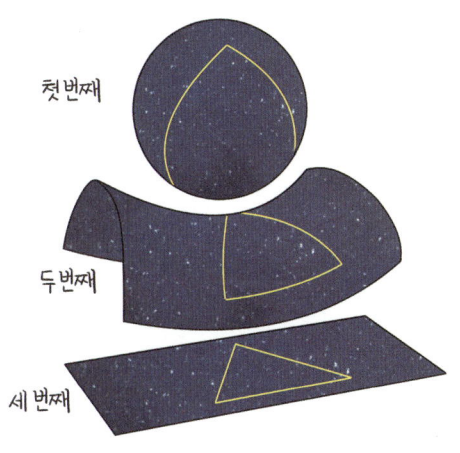

첫 번째는 유한한 우주입니다.
유한하지만 끝은 없어요.
계속 가다 보면 다시 제자리로 돌아올 거예요.

두 번째, 세 번째는 무한한 우주입니다.
역시 끝은 없습니다.
특히 두 번째 우주는
음의 곡률*을 가지고 있어요.
평행하게 출발한 두 로켓이 점점 멀어지게 되죠.

---

*   음의 곡률은 공간이 말의 안장 모양처럼 휘어져 있어 삼각형 내각의 합이 180도보다 작고, 평행선이 계속 멀어지는 기하학적 특성이 있습니다.

우주는 그럼 셋 중에 어떤 모습이냐고요?
지금까지 확인된 우리 우주의 모습은 세 번째입니다.
부분적으론 곡률이 있는 무한한 평면이에요.
하지만 바뀔지 몰라요.

우주엔 아직 우리가 알지 못하는 비밀이 더 많거든요.

↳ @quiet.inm****
상상이 안 된다. 끝이 없다는 게 ㅋㅋㅋ

↳ @human_i****
우주에 대해서 생각하다 보면 시뮬레이션 우주론이 맞다는 생각이 자주 듦. 진짜 신비한 공간이야....

시공간의 상대성

지구에서 태양까지의 거리는 1AU, 약 1억 5천만 킬로미터입니다. 상상이 잘 안 되죠? 이 거리를 초속 30만 킬로미터의 빛이 여행을 하면 대략 500초가 조금 넘는 시간이 걸립니다. 하지만 만약 우리가 빛의 속도의 99%로 우주 여행을 한다면, 태양을 지나치는 데 단 70초가 걸릴 것입니다. 이것은 어떻게 가능한 것일까요? 이 비밀은 바로 시공간의 상대성을 이야기한 아인슈타인의 상대성 이론에서 찾을 수 있습니다.

19세기 후반 과학계에서는 놀라운 발견이 있었습니다. 바로 빛의 속도가 항상 일정하다는 사실이었죠. 내가 빛의 속도의 99%로 날아가는 로켓에 탑승했다고 상상해 봅시다. 로켓이 출발한 후 지구에서 로켓을 향해 빛을 발사합니다. 지구에서 보면 빛이 로켓을 매우 천천히 쫓아가는 것처럼 보일 거예요. 왜냐하면 빛과 로켓의 속도가 거의 비슷하기 때문이죠. 하지만 로켓 안에 있는 나는 조금 다른 모습을 관찰합니다. 빛의 속도는 언제나 일정하기 때문에 로켓 안에 있는 내가 볼 때도 빛의 속도는 여전히 초속 30만 킬로미터입니다. 그래서 지구에서 발사된 빛이 나를 순식간에 따라잡는 모습을 보게 됩니다.

이 믿기 어려운 사실을 설명하기 위해 아인슈타인은 상대성 이론을 제시했습니다. **이 이론은 우리가 서로 똑같다고 알고 있던 시간과 공간이 사실은 상대적이라는 것을 말해 줍니다.** 우리의 시간과 공간은 관찰자에 따라 다를 수 있다는 것이죠. 아인슈타인의 상대성 이론에 따르면 **만약 우리가 빛의 속도의 99%로 여행한다면, 지구에 있는 관찰자와 비교했을 때 시간이 약 일곱 배 느리게 흐릅니다.** 로켓 안에서의 1초가 지구에서는 7초가 되는 것입니다. 그래서 지구에서 보면 빛이 태양까지 가는 데 500초가 걸리지만, 빠른 속도로 날아가고 있는 로켓 안의 내 시간은 겨우 70초밖에 흐르지 않는 것이죠.

상대성 이론은 단순한 상상이 아니라, 우주의 근본적인 구조를 이해하는 데 매우 중요한 열쇠가 됩니다. 빛의 속력이 일정하다는 것은 관측된 사실이고, 시간과 공간이 절대적이란 것은 증명되지 않았기 때문에 우린 빛의 속력이 일정하고 시간과 공간이 상대적이라는 상대성 이론을 따르는 것이죠.

우주가 탄생한 곳은 어디일까?

우주의 중심은 어디일까요?
빅뱅이 일어난 곳인가요?
빅뱅은 어디서 시작한 걸까요?

1929년 에드윈 허블은 모든 은하들이
우리에게서 멀어지고 있다는 사실을 발견합니다.
상대성 이론이 주장했던 우주 팽창의 증거를 찾아낸 거죠.

그런데 모든 은하가 우리에게서 멀어지고 있다면?
지구가 우주의 중심인 걸까요?

그렇지 않습니다.
내가 어느 은하에서 우주를 보더라도
모두 똑같은 광경을 보게 될 거예요.
나에게서 멀어지는 은하들의 모습이죠.

왜냐하면 은하들이 멀어지는 건 공간 자체가 팽창하기 때문이에요.
은하들이 이동하는 것이 아니죠.

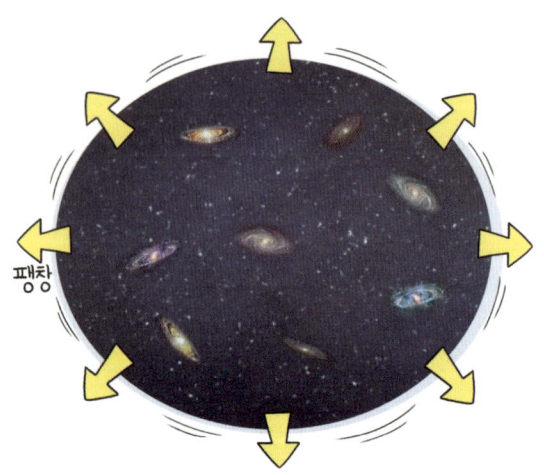

마치 빵 반죽에 박힌 건포도들이
빵이 부풀면 서로 멀어지는 것처럼 말이에요.

↳ @user-hw9fy6****
비유가 너무 찰떡 같네요.

그래서 빅뱅이 어디서 시작했냐고 묻는다면
바로 우주 전체입니다.
모든 물질이 모여 있던 작은 공간이 **쑥-쑥** 커진 거죠.
다시 말해서 우주가 빅뱅 그 자체입니다.

↳ @user-rf3jb7****
어쩐지... 갈수록 몸이 부풀더라.

↳ @user-zv2zw8****
지구도 팽창하나요? 왜 제 근처 여자들이 멀어지는 거죠?

그래서 우주 초기에 존재했던 빛은
현재 우주 전체에 깔려 있어요.

마치 전자레인지의 마이크로파가
내부를 채운 것처럼 말이죠.
이것이 바로 우주 배경 복사예요.

세상의 중심은 역시 내가 맞았어요.
이건 과학이죠.

↳ @favorite.soccer.chann****
공간이란 건 참 심오하고 놀라운 주제군요.

↳ @user-ip4fl2****
오, 우주 배경 복사를 너무 잘 이해했어요.

우주 배경 복사

우주의 기원에 관한 이야기는 마치 고대 신화처럼 신비롭고 마음을 사로잡는 주제입니다. 빅뱅(Big Bang)은 말 그대로 '대폭발'을 의미하지만, 실제로 우주의 시작에 그런 폭발이 있었는지는 알 수 없습니다. 우주는 시간을 거슬러 올라갈수록 마치 안개에 휩싸인 어두운 숲과 같은 미지의 영역이라, 사실 빅뱅 이후의 사건들밖에 알지 못합니다.

빅뱅 직후에 우주는 '혼돈의 수프' 상태였을 거예요. 양성자, 중성자, 전자 같은 기본 입자들이 뜨거운 수프 속에서 무질서하게 춤을 추고, 엄청난 고온은 입자들이 서로 결합하는 것을 방해했습니다. 그 당시에는 빛, 즉 광자도 존재했는데 이 광자들은 양성자, 전자 등 전하를 가진 입자들과 상호 작용했습니다. 전하를 가진 입자들은 마치 그물처럼 광자들을 가두었죠. 우주가 팽창하면서 온도가 내려갔고 약 38만 년이 지나자 양성자, 중성자, 전자가 결합해 전기적으로 중성인 원자를 형성하기 시작했습니다. 그 결과 광자의 그물이 걷히고 빛이 우주 곳곳으로 퍼져 나갔는데, 이 빛이 바로 우주 배경 복사입니다.

우주 배경 복사의 발견에는 재미있는 반전 이야기가 있습니다.

1964년 벨 연구소의 아노 앨런 펜지어스와 로버트 우드로 윌슨은 혼 안테나에서 나는 잡음 때문에 골머리를 앓았습니다. 그들은 사방

▲ 벨 연구소의 혼 안테나(출처: www.lmds.vt.edu)

에서 들려오는 이 잡음이 안테나의 기술적 결함 때문이라 생각했고 이를 해결하고자 고군분투했죠. 혼 안테나 주위의 비둘기 집과 비둘기 똥을 치우는 등 갖은 노력에도 불구하고 잡음은 사라지지 않았습니다. 그들은 잡음의 실체를 알고자 연구했고 곧 이 잡음이 우주 깊숙한 곳에서 오는 신호임을 알게 되었어요. 놀랍게도 이 잡음은 우주 배경 복사였고, 이는 빅뱅 이후 우주의 초기 상태에 대한 중요한 정보를 담고 있었습니다.

우주 배경 복사의 발견은 우주론에 있어 혁명적인 순간이었습니다. 과학자들은 수십억 년 전에 일어난 빅뱅의 잔향을 듣게 된 것이죠. 이 우주 배경 복사는 빅뱅 이론에 대한 결정적인 증거가 되었고 우주의 탄생과 진화에 대한 이해를 크게 넓히는 데 도움을 주었습니다.

밀어내는 중력이 있다?

전자기력은 인력과 척력이 있습니다.
다른 전하는 잡아당기고 같은 전하는 밀어내요.

하지만 중력은 인력만이 존재하죠.

상대성 이론은 중력을 시공간의 굴곡으로
다시 정의했어요.
공간의 질량과 에너지가 시공간의 굴곡,
즉 중력을 만들죠.

그런데 중력의 원천엔 한 가지가 더 있습니다.
바로 압력입니다.

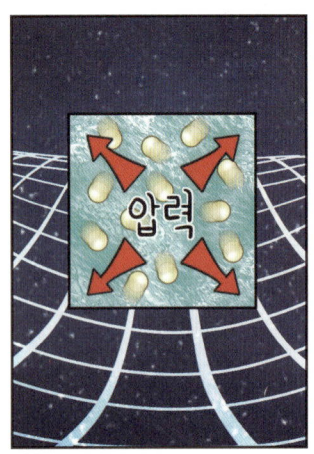

입자가 가득 든 상자가 있다고 생각해 보세요.
하나는 압력이 높고, 하나는 압력이 작아요.
압력이 높은 상자는 에너지가 크기 때문에 더 큰 질량을 가집니다.
에너지와 질량은 같으므로 중력이 더 강한 거죠.

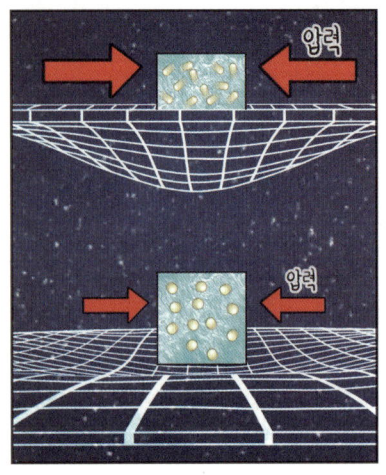

그런데 만약 음의 압력(음압)이라면 어떨까요?
양압이 중력을 증가시켰다면
음압은 중력을 감소시킵니다.

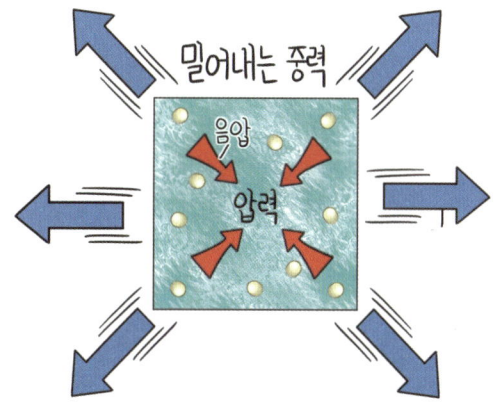

이것은 잡아당기는 중력의 반대인
밀어내는 중력을 의미합니다.
하지만 이런 입자는 이 세상에 없잖아요?
이론일 뿐이죠.

그런데 조금 이상하죠?
중력이 작용하는 우주는 어째서 팽창하는 걸까요?
그것도 팽창 속도가 점점 빨라지고 있잖아요?

그 이유는 암흑 에너지 때문입니다. 공간이 가진 에너지예요.
그리고 이 에너지는 음압을 가집니다.
바로 밀어내는 중력이죠.

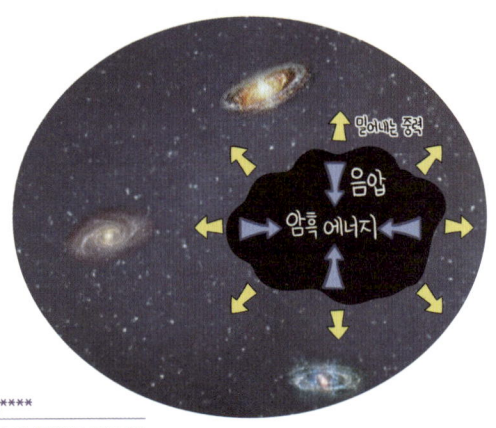

↳ @Berry-g****
중력이 시공간의 에너지인 건 알았지만
음압 암흑 에너지로 팽창하게 된 건 처음
알았어요. 정말 흥미로워요.

보통의 물체들은 인력이 작용해
공간의 팽창 속도를 늦추죠.
그런데 우주가 팽창해 거리가 멀어지면 인력이 약해지겠죠?
반면에 공간은 커지니까
밀어내는 중력이 점점 더 커집니다.
이것이 우주의 팽창 속도가 점점 빨라지는 이유입니다.

↳ @user-lw6ev4****
와... 어려운 이론을 정말 쉽게 설명하셨네요^-^ 하지만 전 이해하지 못했어요.

↳ @user-gf6su5****
한 번에 이해할 뻔했네.

↳ @wongiseong3****
저런 걸 알아내는 과학자들도 존경스럽지만 저희에게 쉽게 설명해주시는 이과형님도 존경합니다!

급팽창 이론

우주의 시작점은 현대 과학에서 가장 흥미로우며 수수께끼 같은 곳입니다. 흔히 우주는 점점 팽창하고 있다고 알고 있습니다. 팽창의 역사를 거슬러 올라가면 초기 우주는 에너지와 물질이 작은 공간에 가득 차 있었을 것입니다. 그래서 중력의 인력이 매우 강했을 거예요. 이렇게 강력한 인력 속에서 우주가 어떻게 지금처럼 팽창할 수 있었을까요?

이 물음에 답을 하려면 **우주의 탄생을 설명하는 현대 이론인 '급팽창 이론'을 알아봐야 합니다.** 우리는 흔히 빅뱅 이론에서 '뱅(Bang)'과 같은 거대한 폭발을 떠올립니다. 그러나 대중적인 믿음과는 달리 실제로는 우주의 시작에 '뱅'은 없었습니다. 우주의 시작은 여전히 안개 속에 남아 있죠. 우리는 그 직후의 상황을 추측하고 있을 뿐입니다.

우주가 태동한 이 시기에 우주는 인플라톤장이라는 에너지로 가득 차 있었습니다. 이것은 전자기장이나 중력장처럼 눈에 보이지 않지만 어디에나 존재하는 에너지장입니다. 초고온이었던 초기 우주의 온도가 서서히 식었지만 인플라톤장의 에너지는 바닥으로 떨어지지 않고 고에너지 상태에 머물렀습니다. 이를 '과냉각 현상'이라고 합니다. 간혹 온도가 영하로 내려가도 얼지 않고 액체 상태로 남아 있는 물을 떠올려 보세요. 약간의 충격을 받으면 갑자기 얼어붙죠. 이것이 과냉각 현상입니다.

그런데 인플라톤장은 음압을 가집니다. **음압은 밀어내는 중력을 만들기 때문에 과냉각된 인플라톤장이 초기 우주를 팽창시켰다고 봅니다.** 하지만 처음에는 인플라톤장의 에너지가 그리 크지 않았습니다. 지금 우주가 가진 에너지와 비교하면 반딧불로 태양을 만드는 셈이죠. 그러나 인플라톤장의 에너지는 공간 속에 숨어 있었습니다.

비유를 해 보자면 내부의 벽이 고무줄로 연결된 상자를 예로 들 수 있습니다. 이 고무줄이 안으로 당기는 음압을 만들 경우, 상자가 커질수록 음압도 커지겠죠? 하지만 실제 고무줄이 상자를 당기는 것과는 달리, 음압은 밀어내는 중력의 원천이기 때문에 공간을 더욱 팽창시킵니다. 그럼 음압이 공간을 팽창시키고 팽창된 공간은 음압을 더욱 키우는 순환 작용이 일어나죠.

우주가 팽창함에 따라 과냉각 상태에 있던 인플라톤장의 에너지는 더욱 커졌고 이는 더 큰 팽창을 일으켰습니다. 인플라톤장은 순식간에 우리 우주를 10^{26}배 이상 팽창시켰습니다. 이게 어느 정도일까요? 머리카락 굵기가 우리 은하보다 더 커지는 격이죠.

그러나 과냉각된 물이 얼어붙듯 우주를 팽창시키던 인플라톤장도 얼어붙었습니다. 이때 여분의 에너지가 입자와 복사 에너지로 우주에 방출되었어요. 이것이 현재 우주를 구성하는 물질들입니다.

이 엄청난 변화의 순간은 우주 탄생 이후 10^{-36}초부터 10^{-32}초까지 지속되었으며 급격한 팽창의 시기를 만들었어요. 그렇다면 우주의 탄생 때는 아니었지만, 결국 '뱅(Bang)'은 있었던 걸까요? 한번 생각해 보세요.

우주에서 총을 쏠 수 있을까?

15

악당이 우주에서 기관총을 쏘며 날아가고 있어요.
그런데 우주에서 탄약을 어떻게 연소시켰을까요?

연소에는 연료, 열, 산소가 필요해요.
하지만 우주에는 산소가 없잖아요?
총알은 발사되지 않아야 하죠.

총알이 발사되는 원리를 살펴보죠.
공이가 뇌관을 치면 마찰에 의해 기폭제의 점화가 일어납니다.
이것은 화약으로 보내져서 점화 열을 제공합니다.
연료는 여기 있죠.

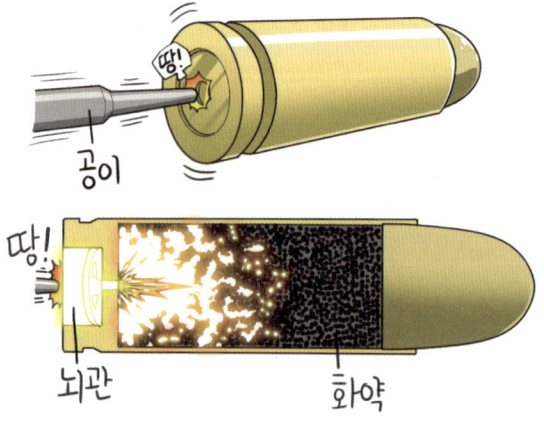

그런데 산소는 어디 있나요?
화약 틈새에 있나요?
그럴 지도 모르지만 그 양은 연소에 쓸 만큼 충분치 못해요.

연소에 쓰이는 진짜 산소는 따로 있습니다.

화약은 황과 탄소, 질산 칼륨으로 이루어져 있어요*.
질산 칼륨엔 다량의 산소 원자가 있고
이것이 황과 탄소에 산화를 일으킵니다.

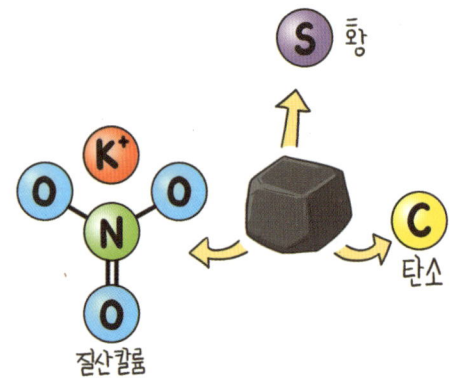

그럼 높은 열과 다량의 가스가 발생하고
압력이 폭발적으로 증가하면서
총알이 날아가죠.

* 흑색 화약을 기준으로 한 설명입니다. 현대 화약은 니트로셀룰로우스, 니트로글리세린 등을 주로 사용합니다.

이것을 산화제라고 해요.
우주에서 로켓 엔진을 작동하는 원리이죠.

↳ @cytokine****
화약에 산화제가 같이 있는 거였구나.

↳ @-_****
오 그래서 건담 우주 전쟁에서 기관포를 쏴도 발사가 된 거군요.

난 "이것이 없어서 못해"라며 스스로 포기한 적이 있나요?
어쩌면 나도 이미 모든 것을 갖추고 있어
폭발적인 잠재력을 발휘할지도 몰라요.
우주에서 발사되는 총알처럼 말이죠.
아직 방아쇠를 당기지 않았을 뿐이죠.

↳ @Unic****
이과형인줄 알았는데 감수성 풍부한 문과형이었네.

↳ @steh****
문과식 마무리에 눈앞이 촉촉해집니다.

로켓 추진 시스템

로켓이 우주라는 거대한 무대로 나가려면 반드시 필요한 것이 있습니다. 운동량 보존의 원리에 따라 반대 방향으로 질량을 내뿜어야 하죠. 이것이 바로 로켓 추진의 원리입니다. 로켓이 내뿜는 이 물질을 '추진제'라고 부릅니다. 로켓 추진 시스템은 추진제의 종류에 따라 크게 두 가지로 나뉩니다.

❶ 화학 추진 시스템

첫 번째 시스템은 통제된 폭발입니다. 촉매나 산화제를 이용해 화학 연료를 점화시키면 엄청난 양의 가스가 생성됩니다. 이 가스는 고속으로 배출되며 로켓을 앞으로 밀어내는 역할을 합

▲ 화학 연료로 발사되는 로켓

니다. 이 시스템의 가장 큰 장점은 강력한 추진력입니다. 이는 로켓이 지구의 중력을 극복하고 우주로 나아가는 데 필수적입니다. 하지만 이 시스템은 마치 폭식하는 괴물처럼 엄청나게 많은 연료를 필요로 합니다. 장기간 우주에서 임무를 수행하는 로켓에 무거운 연료 탱크는 적합하지 않습니다. 따라서 이 시스템은 단거리에는 빠르고 강

력하지만 장거리에는 적합하지 않습니다.

❷ 이온 추진 시스템

두 번째 시스템은 과학 소설에서 나올 법한 이온 엔진입니다. 이 시스템에서는 가스를 이온화시킨 후 전기 에너지로 밀어냅니다. 이 방식으로 생성되는 추진력은 매우 작습니다. 마치 우주선을 부드럽게 밀어내는 지속적인 바람과 같죠. 이 방법은 에너지 사용면에서 효율적이지만, 속도를 높이 올리기까지 많은 시간이 걸립니다. 그래서 지구의 중력을 벗어나는 데는 부족하지만, 우주에서의 궤도 조정이나 장기간의 임무에는 이상적이죠. 점차 속도를 높여 목적지에 도달하는 긴 여정을 생각하면 쉽습니다.

이 두 가지 추진 시스템은 우주 탐사의 다양한 요구에 따라 각각 중요한 역할을 합니다. 하나는 강력한 추진력으로 신속한 출발을 가능하게 하고 다른 하나는 오랜 기간 동안 지속적인 추진력을 제공합니다. 하지만 아직 광대한 우주를 탐험하기에 인류의 로켓 기술은 부족한 부분이 많습니다. 여러분이 미래의 과학자, 엔지니어가 되어 우주 추진 기술의 새로운 지평을 열어 보는 건 어떨까요?

왜 핵 폭탄은 셀까?

16

전쟁 소식이 들릴 때마다 항상 입에 오르는 녀석이 있죠.
핵 폭탄이요.*
대체 얼마나 세길래 그럴까요?
핵 폭탄에는 우라늄과 플루토늄을 사용해요.
여기서는 우라늄에 대해 얘기해 볼게요.

---

* 정확히는 핵분열 폭탄에 대한 설명입니다.

놀랍게도 아마존 쇼핑몰에서 우라늄을 팔고 있어요.
미국에선 천연 우라늄을 7kg까지 가질 수 있거든요.

↳ @user-sc9vi8****
대체 왜, 어떤 이유로 개인이 우라늄 7킬로그램을 주문하는지 더 궁금함.

물론 이걸 주문해도 집까지 도착하지는 않을 거예요.
국내에선 허가 받지 않은 우라늄 수입을 금지하니까요.

우라늄 7kg이 생겼다고 가정해 봅시다.
히로시마에 사용된 핵 폭탄 '리틀보이'에는
고작 우라늄 1kg만이 폭발에 쓰였어요.
그런데 7kg이면 엄청나죠?

하지만 이 중에서
핵 폭탄에 사용할 수 있는 우라늄은
0.7%뿐입니다.

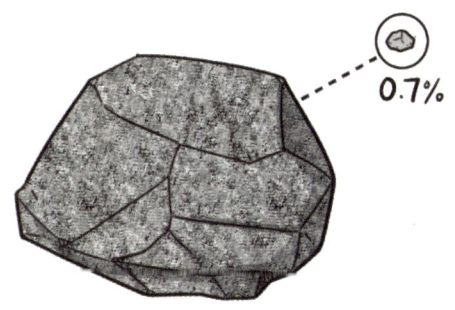

천연 우라늄에는 우라늄 235가 0.7% 정도 있고,
우라늄 238이 99.3%가 있어요.
핵 폭탄에는 우라늄 235가 사용돼요.
양성자 92개, 중성자 143개로 이루어졌죠.

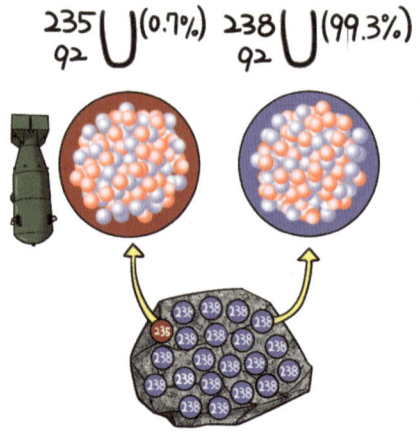

양성자와 중성자는 원자핵 안에 강력으로 묶여 있어요.
'강력'이란 매우 작은 범위에서만 작용하는 강한 힘을 뜻해요.
그런데 입자들이 많아지면 불안정해져
핵이 분열하기도 합니다.

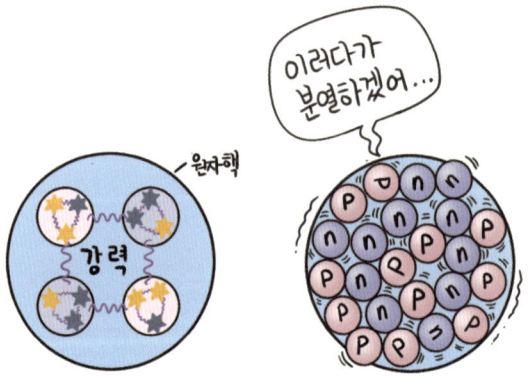

마치 물방울이 커지다가 작게 쪼개지는 것처럼 말이죠.

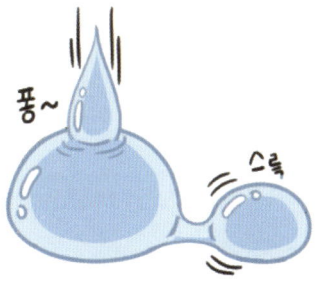

↳ @nog****
물방울 예시는 진짜 좋은 거 같다 ㄷㄷ

우라늄 235는 안정적이라
혼자서는 잘 분열하지 않아요.
하지만 중성자 하나를 쓱 집어넣으면
얘기가 달라집니다.

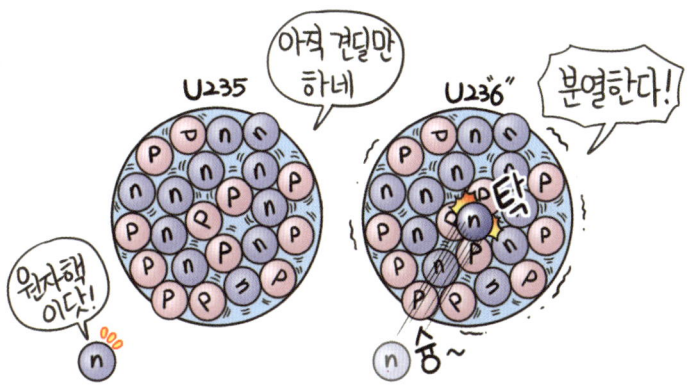

우라늄 236(우라늄 235 + 중성자 1개)은 분열하면서
중성자를 1~3개 방출하고 엄청난 에너지를 내뿜어요(평균 2.4개).
방출된 중성자들은
다른 우라늄 원자를 분열시키고 또 중성자들을 내보내죠.

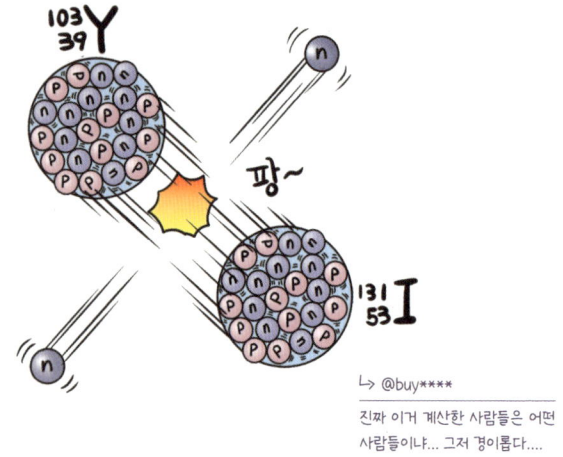

↳ @buy****
진짜 이거 계산한 사람들은 어떤
사람들이냐... 그저 경이롭다....

30번만 해도 10억 배죠?
여기까지 0.0000003초가 걸립니다.
기하급수적으로 폭발이 일어나는 거죠.

농축 우라늄 1kg은 대략 70테라줄의 에너지를 내뿜습니다.
휘발유와 비교하면 100만 배,
TNT폭탄과 비교하면 1000만 배나 되는
엄청난 에너지 양이죠.

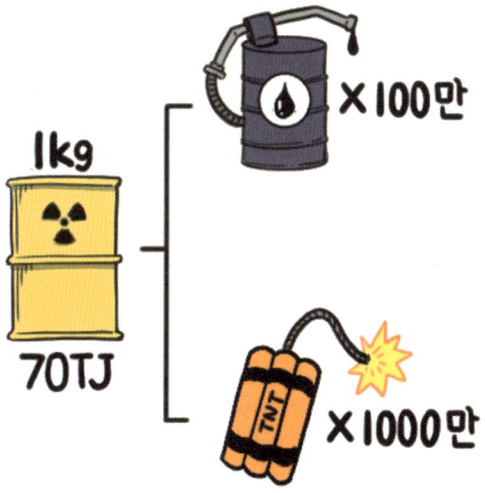

↳ @Strangelet****
기하급수나 지수적 상승은 어디에 들어가도 경이로운 듯....

↳ _S****
마인크래프트에서 TNT 터지는 거 생각하면 쉬울 듯ㅋㅋ

↳ @chakJJANGjukJ****
이제 수소를 이용한 핵 융합 방식으로 훨씬 어마어마한 핵 폭탄을 만들고 있죠.

핵반응

에너지 보존 법칙이라고 들어 본 적이 있나요? 우리가 살고 있는 이 신비한 우주에는 한 가지 놀라운 규칙이 있습니다. 에너지는 사라지지 않고 변할 뿐이라는 것입니다. 다시 말해 우

▲ 무거운 원자핵을 가진 우라늄

주에 있는 에너지의 총량은 변하지 않아요. 전기가 따뜻한 열로 변하거나 열이 빠른 운동으로 바뀌는 것처럼 말이죠.

신비한 우주의 수수께끼 중 하나는 우라늄과 같은 무거운 원소가 분열할 때 방출되는 엄청난 에너지의 출처입니다. 이 비밀의 해답은 아인슈타인의 상대성 이론에 있어요. $E=mc^2$, 즉 물체의 질량(m)과 에너지(E)는 서로 동일하다는 놀라운 사실을 알려 줍니다.

우라늄과 같은 무거운 원자핵이 분열하면 두 개의 가벼운 원자핵과 여러 중성자가 생성됩니다. 이 새로운 원자핵들과 중성자들의 총 질량을 합하면 원래 우라늄 원자핵의 질량보다 조금 작습니다. 이 '사라진 질량'이 바로 핵분열 과정에서 방출되는 거대한 에너지의 원천이죠.

그렇다면 이 에너지는 어디에서 온 걸까요? 무거운 원자핵은 가

벼운 원자들이 합쳐져 만들어집니다. 철보다 무거운 원자핵은 이 과정에서 주변 에너지를 흡수하여 질량을 만들어요. 그리고 이 원자핵이 분열할 때 그 에너지를 다시 방출하고요. 질량이 에너지로 변환된다는 사실을 이해할 때 중요한 점은 모든 물질의 질량은 근본적으로 에너지라는 사실입니다. 물질을 아주 작은 단위로 쪼갤 때 결국 남는 것은 에너지이니까요.

이처럼 에너지 보존의 법칙은 우리가 알고 있는 우주의 근본 규칙 중 하나입니다. 무거운 원자핵의 분열에서 나타나는 에너지의 비밀을 이해하는 것이 곧 우주를 깊이 있게 이해할 수 있는 첫걸음인 셈이죠.

핵 폭탄은 어떻게 터뜨릴까?

핵 폭탄의 핵심인 핵분열 연쇄 반응의 조건을 알아낸
오펜하이머 연구팀에게는
한 가지 커다란 문제가 있었어요.
"그런데, 어떻게 폭발시키지?"

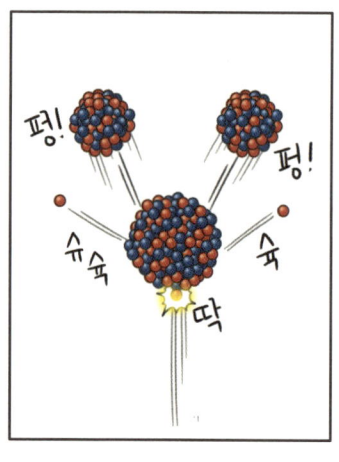

연쇄 반응을 일으키려면 최초의 중성자가 필요했어요.
이 중성자를 원하는 기폭 타이밍에 내보내야 했죠.
핵폭발의 이니시에이터* 가 필요했던 거예요.

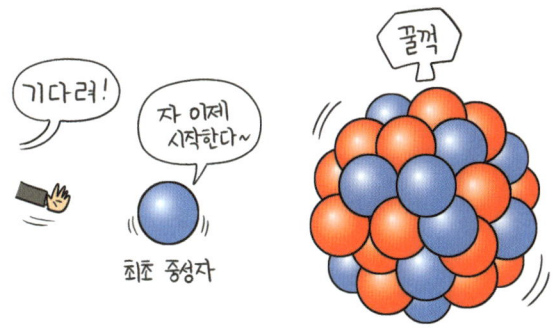

연구진은 담배에 들어있는 폴로늄-210을 떠올렸습니다.
폴로늄은 알파 입자를 방출하는 방사성 원소예요.

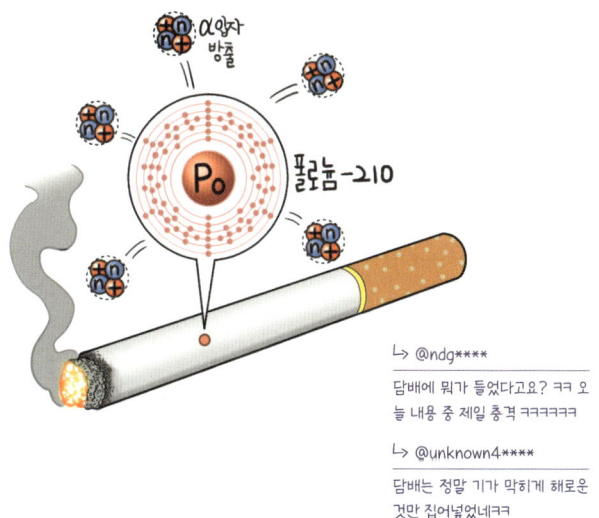

↳ @ndg****
담배에 뭐가 들었다고요? ㅋㅋ 오늘 내용 중 제일 충격 ㅋㅋㅋㅋㅋㅋ

↳ @unknown4****
담배는 정말 기가 막히게 해로운 것만 집어넣었네ㅋㅋ

---

* 어떤 과정이나 활동을 시작하거나 촉발하는 역할을 하는 사람, 장치, 또는 사건을 뜻합니다.

알파 입자가 베릴륨과 만나면
중성자를 방출시키죠.

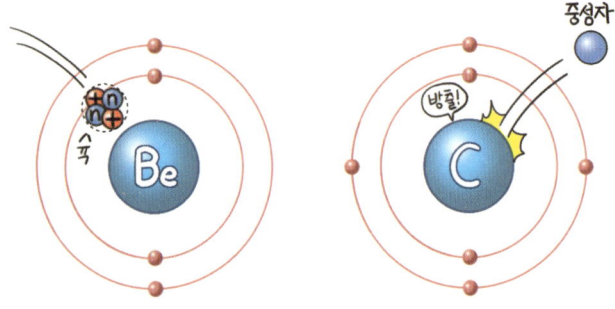

하지만 알파 입자는 매우 크기 때문에
투과력이 떨어집니다.
금속에선 수 마이크로미터밖에 못 가고,
공기 중에서도 4cm 이상 가지 못하죠.

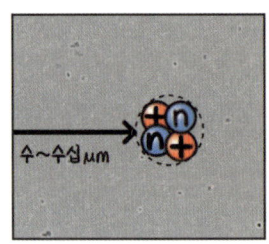 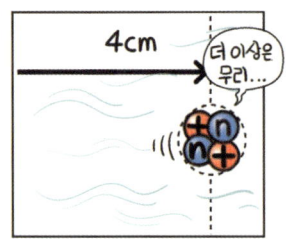

그래서 폴로늄(P_o)과 베릴륨(Be)을 떨어뜨리고
원하는 때에 합체시키면
이니시에이터 중성자를 얻을 수 있어요.

↳ @user-wl9ch5****
오펜하이머가 고민이 있었다는 것까지는 이해했어요!

↳ @user-vt9rx9****
일단 커다란 문제가 있었다는 것까지는 이해했습니다.

우라늄을 사용한 리틀보이는 포신형*이었습니다.
핵연료와 폴로늄, 베릴륨을 양 끝으로 분리했어요.
폭탄을 사용해 하나로 합체시켜 핵폭발을 일으켰죠.

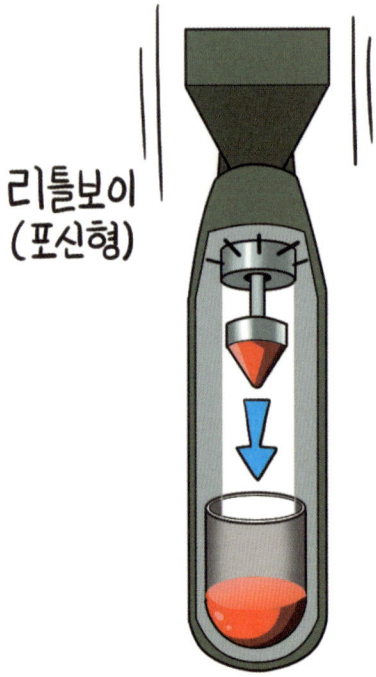

리틀보이
(포신형)

---

* 총기류나 발사 장치의 구조에서, 발사체를 포신(총열)을 통해 발사하는 형태를 말합니다.

플루토늄이 사용된 팻맨(Fat man)은
좀 더 진화된 시스템인 내폭형**이었어요.
폴로늄을 금속박으로 감싸 베릴륨과 격리했고
외부의 폭약을 터트려 내부 압력을 높였어요.

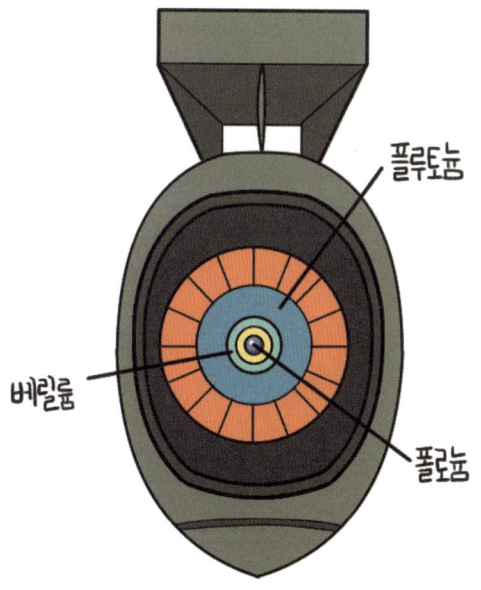

** 어떤 시스템이나 장치에서 내부로 폭발이 일어나도록 설계된 구조를 의미합니다.

그럼 금속박이 깨지며
이니시에터가 작동하죠.

↳ @user-cs9kd9****
금속박으로 폴로늄과 베릴륨을 서로 떨어트렸지만 폭탄의 도움으로 벽을 허물고 서로 만나 사랑을 나눠 중성자가 태어났다니 정말 감동적이네요.

↳ @user-ly7jd3****
플루토늄과 베릴륨의 폭발적인 만남 잘 들었습니다.

내폭형 원자폭탄

우라늄 235는 천연 우라늄의 불과 0.7%밖에 되지 않는 귀한 존재입니다. 우라늄 핵 폭탄을 만들기 위해서는 이 우라늄 235를 분리해 거의 100% 순도로 농축하는 작업이 필요한데, 이 과정에는 엄청난 노력과 정교한 기술이 필요합니다. 그래서 과학자들은 우라늄의 대안으로 플루토늄을 찾았습니다.

플루토늄은 원자로에서 인공적으로 만들 수 있으며 우라늄을 농축하는 것보다 처리하기가 더 쉬웠습니다. 그러나 플루토늄을 우라늄과 같은 포신형 핵 폭탄에 사용하기란 생각처럼 간단한 일이 아니었습니다. 핵 폭탄을 만들 때는 플루토늄 239의 농도를 최대한 높게 하지만 어쩔 수 없이 플루토늄 240도 조금 섞여 들어갑니다. 플루토늄 240은 스스로 핵분열을 자주 일으켜 폭탄의 코어가 제대로 작동하기 전에 무너질 위험이 있었습니다.

이 문제를 해결하기 위해 내폭형 원자폭탄을 만들었습니다. 이때 플루토늄 코어 주변에 '탬퍼'라고 불리는 구형의 재료를 배치해 코어를 압축합니다. 코어가 자발적 분열이나 초기 핵폭발로 인해 붕괴되는 것을 방지합니다. 탬퍼 주변에는 '푸셔'가 있고 이는 다시 폭약으로 둘러싸여 있습니다.

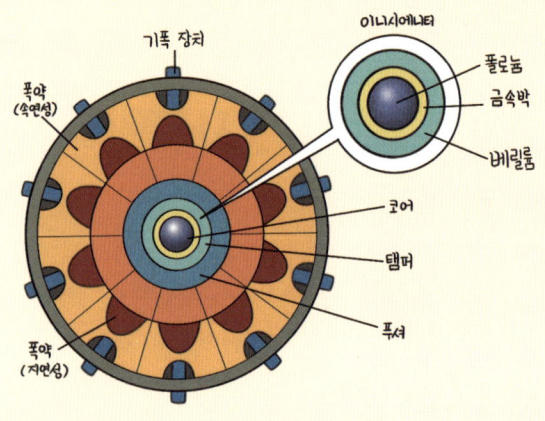

 이 시스템의 핵심은 기폭 장치에 있습니다. 외부의 폭약이 폭발하면서 내부로 압력을 전달하여 폴로늄과 베릴륨이 만나게 합니다. 이때 압력이 완벽한 구형 대칭으로 전달되는 것이 중요합니다. 압력이 대칭적이지 않으면 코어가 불균형하게 붕괴될 수 있기 때문이죠. 하지만 외부의 폭약을 동시에 점화하는 것은 물리적으로 불가능했고, 이에 과학자들은 느리게 타는 폭약과 빠르게 타는 폭약을 조합하여 구형 대칭의 압력을 만들어냈습니다. '폭발 렌즈'라고 불리는 이 기술은 당시 핵무기 설계의 핵심 기밀이었습니다.

수소 폭탄은 어떻게 작동할까?

18

중수소와 삼중 수소를 하나로 합치면 헬륨이 탄생합니다.
이때 엄청난 에너지가 외부로 방출되죠.
인류가 찾은 태양의 비밀, 바로 핵융합 에너지예요.

인류는 이 엄청난 에너지를 폭탄을 만드는 데 쓰기로 합니다.
그런데 문제가 있었어요.

중수소와 삼중 수소를 융합하는 강력*은
우주에서 가장 강한 힘이지만 매우 짧은 거리에만 작용합니다.
하지만 같은 전하의 전기적 척력이 그만큼 가까워지는 것을 막죠.

↳ @dongjin****
그런데 이것은 틀렸습니다
나올 줄 ㅋㅋㅋ

그래서 핵융합은 고온, 고압의 상태가 필요해요.
전자를 날려버리고 원자핵을 가까이 보낼 수 있을 만큼 말이죠.

---

* 강력은 원자핵 내에서 양성자와 중성자를 결합시키는 자연계에서 가장 강한 힘으로, 글루온이라는 입자를 매개체로 매우 짧은 거리에서 작용합니다.

또 다른 문제는 삼중 수소가 자발 핵분열을 해
12년이 지나면 반으로 감소한다는 것입니다.
오랜 기간 동안 창고에 보관하는 폭탄에 쓰이기 어렵죠.

수소 폭탄은 이 문제를 한 번에 해결합니다.
먼저 원자 폭탄이 폭발해 높은 열과 중성자를 내뿜어요.
높은 열은 충전재를 플라스마로 만들어
탬퍼를 고압으로 압축하죠.

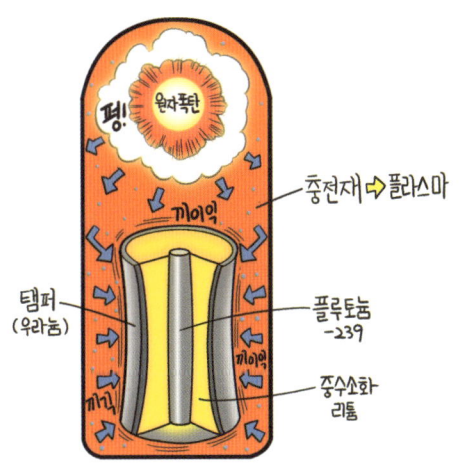

중수소화 리튬은 중성자를 흡수해 삼중 수소를 만듭니다.
그럼 중수소와 삼중 수소가 모두 갖춰지고,
내부에선 플루토늄이 폭발해
핵융합 물질을 안팎으로 더욱 압축시켜요.

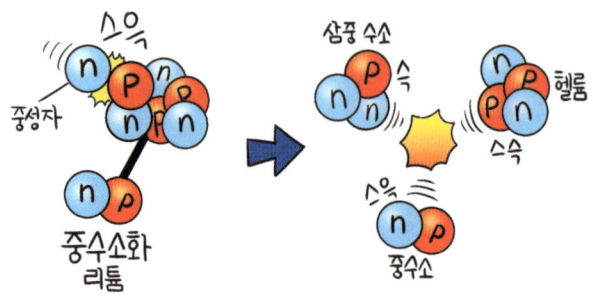

드디어 핵융합이 일어나고 엄청난 에너지와 함께
초고속 중성자가 방출됩니다.
그럼 외피에 있던 우라늄마저 폭발하죠.

이것이 수소 폭탄입니다.
인류 역사상 가장 파괴적인 발명품이죠.

수소 폭탄 (차르 봄베)

↳ @jo****
진짜로 태양이 하나 더 뜨는 거였냐고....

↳ @user-zn3rq5****
선생님, '중수소와 삼중 수소를 결합하면'까지는 이해했습니다.

↳ @Blood****
원자 폭탄이랑 수소 폭탄은 완전히 다른 줄 알았는데 수소 폭탄에 원자 폭탄이 들어 있었군요!

핵융합

인류 역사는 오랜 세월 동안 에너지의 발견과 사용에 따라 발전해 왔습니다. 산업 혁명의 횃불을 밝힌 석탄과 석유는 문명의 경로를 완전히 바꿔 놓았죠. 하지만 이러한 변화의 뒤편에는 어두운 그림자가 숨어 있습니다. 바로 기후 위기입니다.

화석 연료를 사용하면 기후 위기의 주범인 이산화 탄소와 온실가스가 대기로 방출됩니다. 이는 지구의 평균 온도를 빠른 속도로 올려놓았죠. 하지만 인간의 에너지 수요는 여전히 증가하는 추세입니다. 재생 에너지는 환경 친화적이지만 아직 안정적인 공급과 효율성에서 한계가 있고, 원자력 에너지는 효율성은 높지만 방사성 폐기물 문제와 방사능 누출의 위험성을 갖고 있죠. 에너지 문제를 해결하지 못한다면 우리는 기후 위기를 극복할 수 없으며 나아가 멸종이라는 끔찍한 미래를 마주할지도 모릅니다.

하지만 핵융합 에너지에 희망이 조금 있습니다. **핵융합은 우주의 거대한 에너지 공급원인 태양이 사용하는 바로 그 방식을 모방하는데,** 이는 핵분열 에너지보다 여러 면에서 우월합니다. 핵융합의 연료는 수소이며, 수소는 사실 지구에서 무한하게 공급됩니다. 특히 중수소와 삼중 수소는 해수나 리튬 원자핵에서 얻을 수 있어, 연료가 부족할

염려가 거의 없다고 볼 수 있죠. 또한, 핵융합 반응에서 생성되는 폐기물은 핵분열과는 달리 중성자 방출이 적고 방사선 수준이 낮아 인체에 해롭지 않습니다.

하지만 핵융합 발전은 매우 어렵습니다. 핵융합은 연료를 매우 높은 압력과 온도에서 가열해야 하는데, 이 복잡한 과정에서 연료는 플라스마 상태로 변합니다. 그래서 강력한 자기장을 사용해서 이 플라스마를 격리하고 제어해야 하는데, 이는 기술적으로 매우 어려운 일입니다. 그렇지만 오늘날의 기술 발전은 핵융합 발전에 희망을 불어넣고 있습니다. 세계 36개국이 참가한 ITER(국제핵융합실험로) 프로젝트가 2006년부터 시작되었고, 프랑스에 건설 중인 토카막 실증 장치가 2019년 완공되어 2027년부터 중수소-삼중 수소 융합 반응 실험을 시도할 계획입니다.

또한, 한국핵융합에너지연구원이 주도하는 KSTAR 프로젝트는 2018년 세계 최초로 플라스마 불꽃을 1억 도까지 가열한 데 이어 2021년에는 1억 도를 30초 동안 유지하는 데 성공했습니다. 여러 부분에서 핵융합 기술의 발전이 성공적이지만 핵융합 발전의 상용화는 아직 먼 길입니다. 과학계는 핵융합 발전소가 가동될 것으로 예상되는 시기를 2050년경으로 예상하고 있습니다. 이 기술이 인류의 미래를 바꿀 수 있을지, 그때까지 지구가 우리를 기다려 줄지는 여전히 미지수입니다.

우리가 몰랐던 질량의 비밀

19

밤늦게 배가 고파서 라면을 먹으려고 냄비에 물을 끓입니다.
뚜껑을 아주 꽉 닫아 아무것도 빠져나가지 못한다면
물이 끓기 전과 후의 질량은 똑같겠죠?

↳ @Dragon-Ri****
계란을 넣기 때문에 질량은 커집니다.

여기 똑같은 태엽 시계가 2개 있습니다.
하나는 태엽을 감아 작동하고 하나는 멈춰 있네요?
그래도 두 태엽 시계의 질량은 똑같겠죠?

동작 = 질량 동일? = 정지

우리는 어떤 물질이
A, B, C 세 개의 입자로 구성되어 있으면
물질의 질량이 A, B, C 질량의 합이라고 생각하죠.

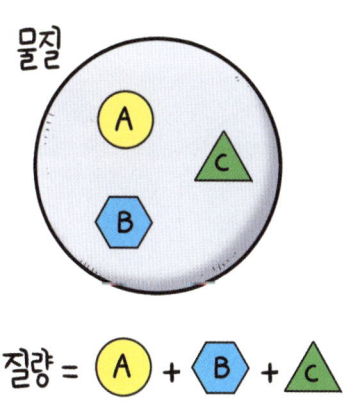

질량 보존의 법칙을 배웠으니까요.
"질량은 없어지거나 새로 생기지 않는다."
이것은 틀림없는 사실입니다.

↳ @hyunseory****
질량은 없어지거나 새로 생기지 않는군요! 저의 질량도 없어지지 않는가 봅니다.

↳ @ashez****
이래서 물리 실험 조교님이 질량 보존의 법칙은 화학에서나 쓰는 거라고 ㅋㅋㅋㅋ

그런데 문제는 우리가 한 가지 사실을 모른다는 거예요.
바로 질량과 에너지가 똑같다는 사실이죠.

물질의 질량은 그 물질을 구성하는 입자들의
움직임, 관계, 압력 등에 따라 달라집니다.
구성 입자들의 질량과 에너지를 모두 더한 것이 물질의 질량이죠.

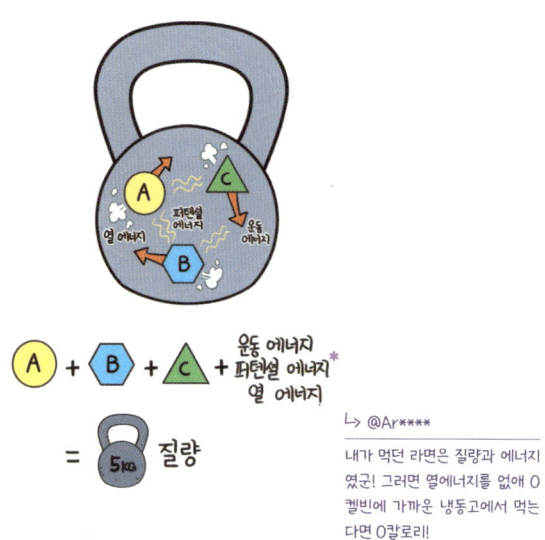

↳ @Ar****
내가 먹던 라면은 질량과 에너지였군! 그러면 열에너지를 없애 0켈빈에 가까운 냉동고에서 먹는다면 0칼로리!

그런데 왜 우리는 끓는 물이 더 무겁다는 사실을 느끼지 못했죠?

---

* 퍼텐셜 에너지는 물질들의 상호 작용에 의해서, 물질의 위치나 상태에 따라 가지고 있는 에너지를 말합니다. 예를 들어 길게 늘어난 고무줄엔 탄성 퍼텐셜 에너지가 존재합니다.

아인슈타인은 질량이란
에너지를 빛의 속력의 거듭 제곱으로 나눈 것이라고 밝혔습니다.

↳ @user-jc4pr2****
형 약간 친구 없지?

빛의 속도는 매우 크기 때문에
라면 물을 끓인다면
0.000000002g 정도 증가할 거예요.

↳ @yodkssudgktp_****
어쩐지 누워 있다가 움직이면 무거워지더라.

↳ @user-cl3ky8****
그러니까 뚜껑을 꽉 닫고 끓여야 제 맛이란 거죠? 좋은 정보네요.

↳ @user-ue6bj7****
결론: 라면 끓여 먹어야지.

원소를 구성하는 입자

질량의 비밀을 파헤치기 위해 미시 세계를 탐험하는 과학자라고 상상해 보세요. 나에게는 무엇이든 자를 수 있는 마법의 칼과 무한히 작아질 수 있는 옷이 있습니다. 이 탐험의 첫 목적지는 바로 내 손에 든 스마트폰입니다. 마법의 칼로 자르려고 스마트폰을 세운다면 놀랍게도 그 순간 스마트폰의 질량은 증가합니다. 왜냐하면 스마트폰을 세우면 구성 입자들이 더 높은 위치로 올라가 중력 위치 에너지가 증가하기 때문이죠.

자, 이제 본격적으로 자르기 시작합시다. 칼날이 원자 수준까지 도달하면 원자핵과 전자들이 보일 겁니다. 원자는 질량이 대부분 원자핵에 집중되어 있습니다. 원자핵을 자르면 양성자와 중성자가 모습을 드러냅니다. 하지만 여기서 끝이 아니에요. 양성자와 중성자를 잘라내면 '쿼크'라는 더욱 작은 기본 입자들이 나타납니다. 이 쿼크들이 모여 양성자와 중성자를 구성합니다.

여기서 놀라운 점은, 양성자와 중성자를 구성하는 쿼크들의 질량을 모두 합하면 양성자와 중성자의 질량의 1%도 되지 않는다는 것입니다. 그렇다면 나머지 99%의 질량은 어디로 갔을까요? 이 질문에 대한 답은 바로 '결합 에너지'에 있습니다. 양성자와 중성자의 질량 대부분은 쿼크들이 서로 강력하게 결합하는 데서 발생하는 에너지가 차지합니다. 즉, **물질의 질량은 대부분 에너지의 형태인 것이죠.**

그럼 쿼크와 전자 같은 기본 입자들의 질량은 어디서 왔을까요? 현대 물리학에서는 이를 '힉스 메커니즘'으로 설명합니다. 눈에는 보이지 않지만 모든 공간에 퍼져 있는 힉스장*과의 상호 작용으로 기본 입자들은 질량을 얻습니다. 이를 이해하는 한 가지 방법으로 인파로 붐비는 공연장에서 인기 연예인이 빠져나가는 모습을 떠올려 보세요. 많은 팬들과 부대끼느라 한발짝 움직이기조차 어려운 연예인이 힉스장과 강력하게 상호 작용하는 무거운 기본 입자라면, 별다른 방해 없이 유유히 빠져나올 수 있는 나는 힉스장과 적게 상호 작용하는 가벼운 입자인 셈이죠.

이 탐험의 결론은 놀랍고도 간단합니다. 질량의 본질은 에너지에서 비롯된다는 것이죠. 그리고 아인슈타인은 이것을 이렇게 한 줄로 정리했습니다.

$$E = mc^2$$

---

* 힉스장은 입자들에 질량을 부여하는 역할을 하는 에너지장으로, 힉스 입자의 상호 작용을 통해 물질의 기본 입자들이 질량을 얻습니다.

15년 전의 나는 다른 사람이라고?

나는 누구일까요? 이건 정말 어려운 질문이죠.

양자 역학은 우주의 진공에서
가상 입자들이 매우 짧은 시간 동안
존재하는 것을 허용합니다.

우주의 어느 시간, 어느 공간에서
나의 뇌와 똑같은 배열을 가진
입자들이 잠깐 동안 생겨날 확률이 존재하죠.
이것을 '볼츠만 두뇌'라고 해요.

거품 우주론*과 같은 무한한 우주에선
가능성이 더 커지죠.

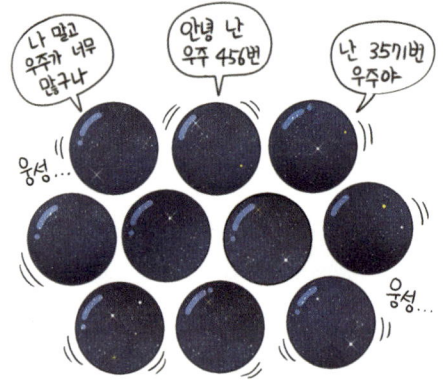

---

* 거품 우주론은 다중우주 내에서 우리 우주가 하나의 거품처럼 존재하며, 급팽창 과정에서 수많은 독립적인 우주들이 형성되었다는 이론입니다.

어느 날 정신을 차리니
우주 한가운데 내가 있는 거예요.
바로 사라지지만요.
그럼 이건 나인가요? 어떤 모습의 나일까요?

만약 미래에 나의 뇌의 모든 기억을
컴퓨터 칩으로 옮길 수 있다면 어떨까요?
이 칩은 나와 똑같이 생각하겠죠?
이것은 나인가요? 아닌 것 같나요?

만약 미래에 내 몸을 구성하는 모든 원자들의
양자 정보를 해석할 수 있다면 어떨까요?
그리고 아주 먼 곳에서 원자들만으로
나와 똑같은 몸을 만든다고 생각해 보세요.
이건 나인가요?

만약을 왜 고민하냐고요?
그럼 이건 어때요?

우리 몸은 10^{28}개의 원자로 이루어졌어요.
이 중 98%가 1년 안에 바뀌죠.
우리 몸을 이루는 단백질은
수정체의 크리스탈린 단백질 등 일부 단백질을 제외하면
대략 15년 동안 대부분이 바뀐답니다.*

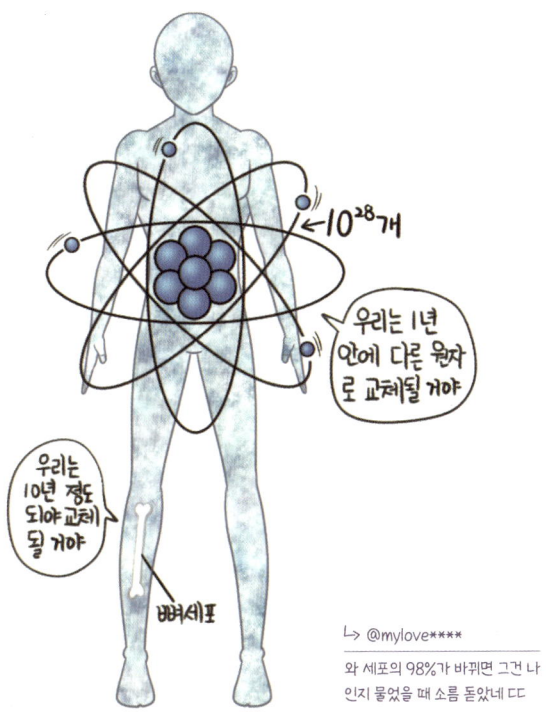

↳ @mylove****
와 세포의 98%가 바뀌면 그건 나인지 물었을 때 소름 돋았네 ㄸㄸ

---

* 단백질의 유형, 기능, 위치에 따라 상당히 다양하며, 몇몇 단백질은 이보다 훨씬 짧은 시간 내에 교체되고, 다른 일부는 더 긴 수명을 가집니다.

그러니까 내 몸은 15년 전의 몸과는
완전히 다른 몸이라 할 수 있죠.
이건 나인가요?

↳ @ddgddd****
기억을 연속적으로 공유하고 있다
면 나라고 봐야겠죠.

2천 년 전에 소크라테스가 "너 자신을 알라"고 말했는데,
아직도 정말 풀기 어려운 문제인 것 같네요.

↳ @user-xm8vw8b****
과학이 발달할수록 철학이 됨....

↳ @skybluish****
진짜 어제의 나는 죽은 게 맞구
나... 하고 새로운 시작에 대한 동
기부여 얻어갑니다.

↳ @doglov****
나도 모르는 사이에 매 순간 죽음
과 탄생을 반복하고 있었다는 뜻
이네요.

전자기와 양자

내 몸을 이루는 원자들의 복잡한 정보가 멀리 떨어진 곳으로 전송되고, 그곳의 원자들로 내가 완벽하게 재구성된다면 어떨까요? 과학 소설이나 영화 속에서나 나올 법한 이야기라고요? 하지만 이것은 현재 과학계에서 진지하게 연구 중인 순간 이동 기술인 '양자 텔레포테이션'의 원리와 비슷합니다. 2004년에는 미국 표준기술연구소에서 원자의 순간 이동에 성공했으며 2006년에는 닐스보어연구소와 막스프랑크연구소가 분자 규모의 순간 이동에 성공했습니다. 더 나아가 2016년에는 러시아의 푸틴 대통령이 이 기술을 완성하기 위해 2400조 원에 달하는 거대한 프로젝트를 시작하기도 했습니다.

이 거짓말 같은 이야기가 가능한 이유는 바로 양자 역학 때문입니다. 양자 역학은 우리에게 매우 중요한 사실 하나를 제시합니다. 바로 **양자 정보가 동일한 원자들은 구별할 수 없는 동일한 물질이라는 것입니다.**

이론적으로 원자들의 양자 정보를 복사해 다른 곳으로 전송하면 나와 완벽히 동일한 '나'를 그곳에서 만들어낼 수 있습니다. 그리고 이 과정의 핵심은 '양자 얽힘'이라는 놀라운 현상에 있습니다. 양자 얽힘은 양자 역학의 가장 놀라운 현상입니다. 이 현상은 두 개의 입자가 서로 어떤 거리에 있든 상관없이 **한 입자의 양자 상태가 결정되면 즉시 다른 입자의 양자 상태도 결정된다는 것을 의미합니다.** 이는 일상적인 물리 법칙과는 매우 다른 양상을 보여 줍니다.

양자 얽힘의 개념을 이해하려면 먼저 '양자 상태'에 대해 알아야 합니다. 양자 상태는 입자의 양자 정보를 나타내는 여러 특성들, 예를 들어 위치나 운동량, 스핀* 등을 포함합니다. 이 상태는 일반적으로 관찰되기 전까지는 '중첩' 상태에 있습니다. **중첩 상태란 입자가 동시에 여러 상태를 가질 수 있다는 것을 의미합니다.** 측정되기 전까지는 마치 입자가 여러 곳에 동시에 존재하고 있는 것과 같죠.

양자 얽힘은 두 입자가 특정 방식으로 상호 작용을 한 경우 발생할 수 있습니다. 이들이 얽힌 상태가 될 경우 두 입자의 중첩된 양자 상태가 서로 연결됩니다. 어

▲ 양자 얽힘의 비유적 표현

느 한 입자의 상태가 측정**에 의해서 결정되면 다른 입자의 상태도 즉시 결정됩니다. 입자들이 아무리 멀리 떨어져 있어도 똑같이 작용합니다. 예를 들어, 한 입자가 '스핀 업' 상태로 측정되면 얽힌 다른 입자는 즉시 '스핀 다운' 상태로 결정됩니다. 마치 공간을 가로질러 정보를 순간적으로 전송한 것처럼 보이죠.

---

* 스핀은 입자의 고유한 양자역학적 성질로, 마치 자전하는 것처럼 특정한 방향으로의 각운동량을 의미합니다. 이는 입자의 자기적 특성과도 밀접한 관련이 있습니다.
** 여기서의 측정은 입자와의 상호 작용을 의미합니다.

아인슈타인은 양자 얽힘을 '유령의 원거리 작용'이라고 말하며 부정했습니다. 이 현상이 상대성 이론의 기본 원칙인 '아무것도 빛보다 빠를 수 없다'는 규칙에 반한다고 생각했거든요. 그러나 현대 물리학에서는 양자 얽힘이 정보를 빛보다 빠르게 전달하는 것이 아니라고 이해합니다. 양자 정보를 수신한 후에 그 정보를 해석하려면 고전적인 통신 정보를 받아야 하는데, 이때 빛과 같은 전통적인 통신 방법을 사용해야 합니다. 이는 양자 텔레포테이션이 빛의 속도를 넘어서는 속도로 정보를 전송할 수 없다는 것을 의미합니다.

양자 얽힘은 양자 컴퓨팅, 양자 암호학, 양자 통신 등 다양한 분야에서 중요한 역할을 합니다. 예를 들어, 양자 암호학에서는 양자 얽힘을 이용하여 해킹이 불가능한 통신을 구현할 수 있습니다. 양자 얽힘의 이러한 특성은 과학계에서 여전히 활발히 연구되고 있으며, 미래 기술에 혁명적인 변화를 가져올 잠재력을 가지고 있습니다.

양자 컴퓨터란 무엇일까?

21

트랜지스터는 전류를 제어하는 반도체입니다.
인류는 이것을 이용해 기계와 소통하는
2개의 신호를 만들었어요.
전류가 흐르면 1, 흐르지 않으면 0으로 말이죠.
혁명의 시작이었어요.

그때부터 인간은 세상의 다양한 정보를 1과 0으로 해석해
컴퓨터에 입력했어요.

그런데 문제가 생깁니다.
양자 역학이 완성되며 밝혀진 세상의 모습이
우리의 경험과는 많이 달랐던 거예요.

원자에는 전자가 들어갈 수 있는 방들이 존재해요.
우리의 일반적인 경험에 따르면 전자가 이곳에 있거나 없거나
둘 중 하나이죠.
1과 0으로 표현할 수 있어요.

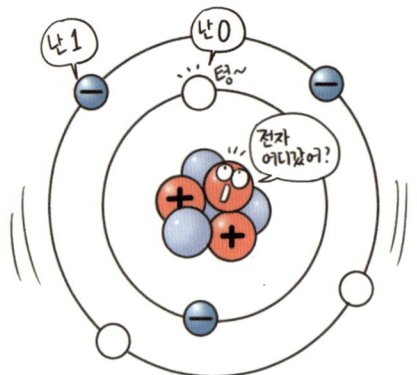

하지만 실제 전자는 그렇지 않았어요.
측정 전까지 1과 0이 확률적으로 가능한 상태가 존재했죠.
마치 존재하면서 존재하지 않는 것처럼 말이에요.
이것을 '중첩 상태'라고 해요.
트랜지스터론 표현할 수 없었어요.

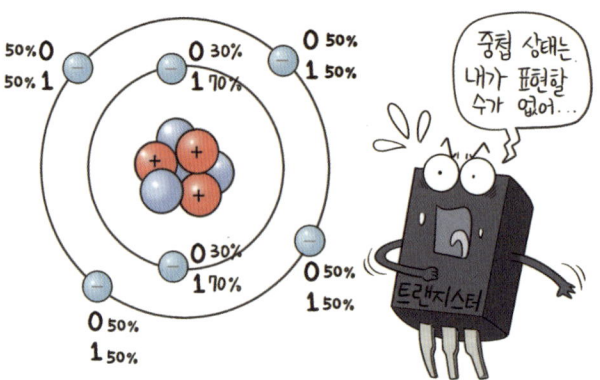

하지만 실제 세계는 이런 중첩 상태들로 이루어져 있잖아요?
그래서 파인만*은 새로운 컴퓨터의 필요성을 주장했어요.
이것이 바로 양자 컴퓨터입니다.

↳ @ift****
파인만 그는 대체….

양자 컴퓨터엔 1과 0 그리고
중첩 상태가 존재하는 큐비트가 필요해요.
그런데 이것을 어떻게 만들까요?

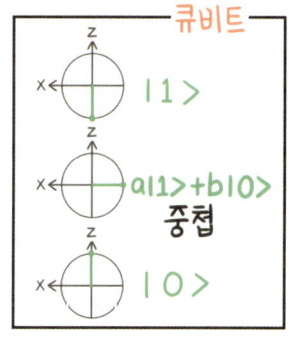

↳ @garlgaru****
흑백 사진 시대에 큐비트를 생각
해낸 파인만 좀 비겼나.

---

* 미국의 물리학자로, 양자 전기 역학의 발전에 기여한 공로로 1965년 공동 노벨 물리학상을 받았습니다.

한 가지 방법은 자기장을 만드는 원자의 스핀을 이용하는 것입니다.
스핀은 위와 아래의 방향을 가지고 있어요.

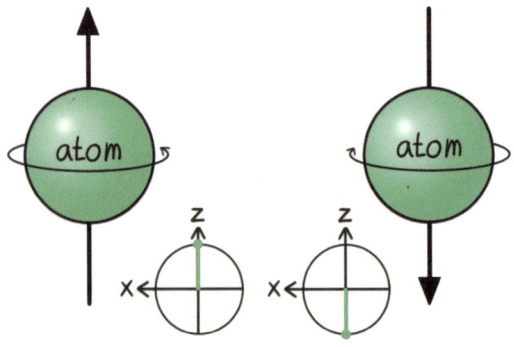

하지만 원자들의 거리를 조절해 상호 작용하게 하면
위와 아래 방향의 회전을 동시에 가지는 중첩 상태로 만들 수 있죠.

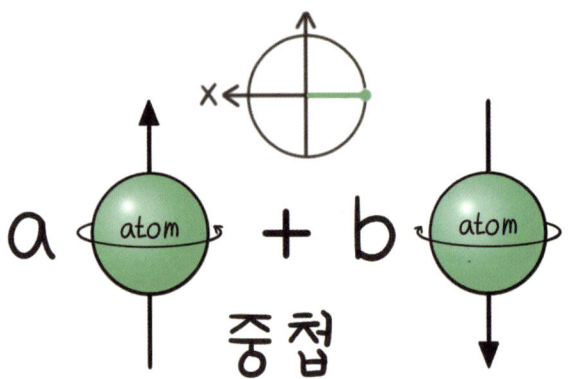

↳ @jaan****
큐피트가 화살 쏜 것까지 이해했습니다.

↳ @abcdmy0****
트랜지스터가 반도체인 것만 알았습니다. 감사합니다.

↳ @steadyontheway****
양자 역학부터 정신줄을 놓았지만 신기하고 멋진 과학 세계입니다.

스핀

양자 역학의 세계에서도 원자와 전자는 빼놓을 수 없는 개념입니다. 그중 '스핀'은 가장 기본적이면서도 신비한 개념이죠. 20세기 초 과학자들은 거시 세계의 전기와 자기 현상을 거의 완벽하게 이해했습니다. 그중에서 **전류가 회전 궤도를 흐르면 자기장이 생긴다는 사실도 있었죠.** 그 후 과학자들의 관심은 거시 세계에서 미시 세계로 옮겨갔고, 놀라운 사실을 발견합니다. **원자와 전자도 마치 전류처럼 자기장을 만들고 있었던 것입니다.** 이 작은 입자들은 팽이처럼 회전하며 각자의 작은 자기장을 만들어내는 것처럼 보였습니다. 유레카의 순간이었죠.

스핀의 방향, 즉 시계 방향 또는 반시계 방향은 자기장의 방향을 결정했습니다. 이로 인해 '업스핀'과 '다운스핀'이라는 용어가 탄생했습니다.

하지만 미시 세계의 베일이 점점 벗겨질수록, 과학자들의 처음 예측이 조금 잘못되었다는 것이 밝혀졌습니다. 실제로 원자와 전자는 팽이처럼 회전하지 않았어요. 양자 역학에서 전자와 같은 입자들은 특정한 위치에 있거나 일정한 궤도를 따라 움직이지 않았습니다. 아주 적은 확률 속에 존재했거든요. 게다가 이론적으로 전자는 부피

조차 없습니다. 부피가 없는 것이 어떻게 회전할 수 있을까요? 역설적이었죠.

그래서 과학자들은 스핀에 대한 관점을 바꾸었어요. 스핀을 문자 그대로의 회전 운동이 아니라, 입자의 본질적인 성질로 보기 시작했습니다. 질량이나 전하 같은 입자의 고유 성질 말이죠.

질량은 중력 등을 결정하고 전하는 전기력 등을 결정합니다. 스핀은 자기장 및 다른 입자와의 상호 작용 방식을 결정합니다. 스핀을 통해 우리는 미시 세계의 기본적인 법칙을 이해할 수 있게 되었고, 이는 우주의 근본적인 비밀을 풀어나가는 중요한 열쇠 중 하나가 되었습니다.

조개에게 배우다

지렁이는 손이 없습니다. 그런데 어떻게 땅을 파죠?

찰스 다윈은 무려 40년간 지렁이를 연구했어요.
주변 사람들은 이렇게 말하기도 했죠.
"차라리 지렁이가 인간 조상이라고 해라."

↳ @user-nn7vo6****
어떻게 지렁이를 40년 동안 연구할 생각을 하지....

오랜 연구 끝에 다윈은
이렇게 결론을 내립니다.
"지구상의 모든 흙은 한 번쯤 지렁이를 통과했다."

지렁이는 뾰족한 머리로 돌을 밀어내거나

몸 앞에 있는 흙을 먹은 뒤 몸 뒷부분으로 배출합니다.
이 방법은 땅을 파는 혁신적인 기술이죠.

↳ @Tw****
'한 귀로 듣고 한 귀로 흘린다'의
대표적 예시

인류가 이 기술에 눈을 뜬 건
영국의 공학자인 이점바드 킹덤 브루넬 덕분이에요.

그는 배에 구멍을 뚫는 배좀벌레 조개를 관찰했어요.
배좀벌레는 면도날처럼 날카로운 두 개의 뿔로
나무나 돌을 분쇄하여 먹어 치운 뒤 배설하죠.

배설물은 공기에 노출되어
터널을 더 단단하게 만들었어요.

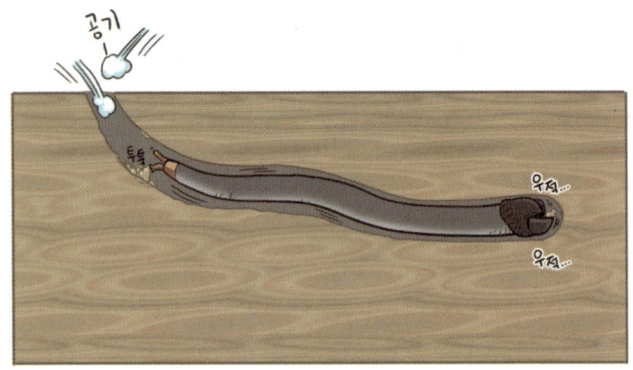

브루넬은 이 기술을 이용해
템스강 아래에 터널을 뚫는 장치를 만듭니다.

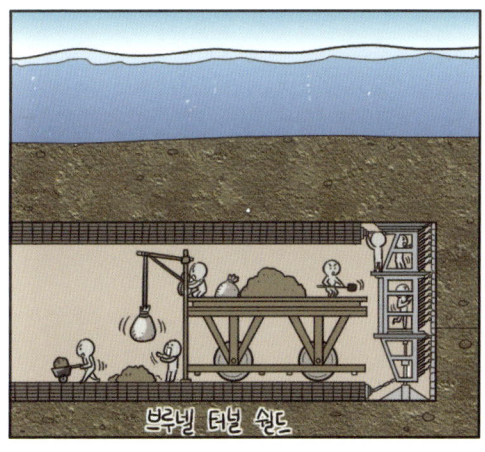

↳ @shorttailed_albat****
형님, 누님들 이게 바로 토목 공학이라는 겁니다.

지금은 TBM(Tunnel Boring Machine)이라 불리는 이 공법은
인간이 땅을 파는 혁신적 방법이 되었죠.
먼저 대형 커터 헤드가 회전하며 앞의 암반을 분쇄해요.

그럼 컨베이어 벨트가 분쇄물을 뒤로 운반하죠.
동시에 벽면에는 세그먼트(콘크리트)를 부착해서
단단하게 만들어요.

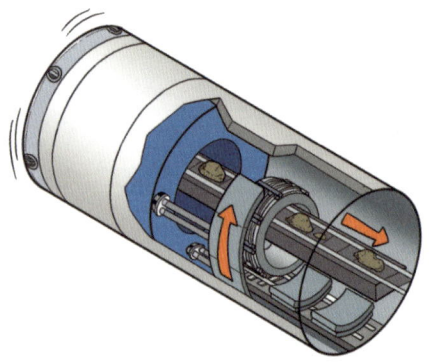

다이너마이트를 사용하던 기존 방식보다
더 적은 인력으로 빠르고 안전하게 땅을 팔 수 있죠.

↳ @YYYEE****
아무리 하찮은 지렁이라도 보는 관점에 따라 땅굴을
파는 혁신적인 기계를 발명할 수 있구나....

↳ @I_****
자연에서 찾은 발명품들이 생각보다 많은 것 같네요.

생체 모방(바이오미미크리)

우리가 살아가는 이 지구는 놀라운 발명품들로 가득 찬 광대한 실험실입니다. 인류는 자연의 무한한 창의력을 모방해 혁신적인 발명품들을 탄생시켜왔죠. 이를 '생체 모방(바이오미미크리)'이라고 합니다. **생체 모방은 자연의 형태와 과정을 모방하여 지속 가능하고 혁신적인 해결책을 찾는 과학 기술 분야입니다.** 생체 모방의 몇 가지 놀라운 사례들을 함께 살펴볼까요?

벨크로

1941년 스위스의 엔지니어 조지 드 메스트랄은 산책 중 개의 털에 붙은 참빗처럼 생긴 식물을 발견했습니다. 호기심이 발동한 그는 이 식물을 현미경으로 관찰했습니다. 그의 눈앞에 펼쳐진 것은 수많은 작은 후크와 루프였어요. 이 구조가 서로 잘 붙는 원리에 주목한 드 메스트랄은 이를 모방하여 나일론 후크와 루프를 만들었고, 이것이 바로 오늘날 우리가 사용하는 벨크로입니다. 벨크로는 신발끈, 옷, 가방 등 일상 생활의 많은 분야에서 사용되며 간편하고 신뢰할 수 있는 결합 방식으로 자리 잡았죠.

샤크스킨 수영복

상어의 피부는 수백만 년 동안 진화하여 물속에서 최적의 효율을 자랑합니다. 상어 피부의 표면은 미세한 이빨 모양의 상아립으로 덮여 있는데, 이는 물의 저항을 최소화하고 속도를 높이는 데 도움을 줍니다. 이를 모방한 수영복은 물속에서의 마찰을 줄여주어 수영 선수들이 더 빠른 속도로 수영할 수 있게 도와줍니다. 이 기술은 2008년 베이징 올림픽에서 세계적인 주목을 받으며 많은 선수들이 새로운 기록을 세우는 데 크게 기여했습니다.

로터스(연꽃) 효과

로터스 잎의 물을 튕겨내는 능력은 초소수성 표면에 기인합니다. 잎의 표면은 미세한 돌기들로 이루어져 있으며 이로 인해 물방울이 표면에 닿지 않고 구슬처럼 말려 떨어집니다. 이 과정에서 먼지와 불순물도 함께 제거되죠. 과학자들은 이 과정을 이해하고 로터스 효과를 모방한 초소수성 페인트와 코팅제를 개발했습니다. 이는 주로 건축물, 자동차, 옷감에 적용되어 물과 오염으로부터 표면을 효과적으로 보호하는 데 사용되고 있답니다.

물총새 부리 형태의 신칸센

일본의 고속열차 신칸센은 터널을 통과할 때 큰 소음과 압력파를 일으키는 문제가 있었어요. 해결책을 찾기 위해 엔지니어들은 물총새의 부리에 주목했습니다. 물총새는 물속으로 뛰어들 때 거의 소음을 일으키지 않는데, 그 이유는 부리가 공기 저항을 최소화하고 물속으로 부드럽게 진입할 수 있게 해주기 때문입니다. 엔지니어들은 이 원리를 신칸센의 디자인에 적용해 기차의 앞부분을 물총새의 부리처럼 만들었습니다. 그 결과 기차는 소음과 압력을 획기적으로 줄이면서 고속으로 운행할 수 있게 되었습니다.

▲ 신칸센의 모델이 된 물총새 부리

 이러한 생체 모방의 사례들은 자연에서 영감을 얻어 인류의 혁신적인 발전을 낼 수 있음을 보여 줍니다. 자연의 지혜를 모방함으로써 우리는 지속 가능하고 효율적인 기술을 발전시킬 수 있으며, 이는 생물 다양성의 보존이 얼마나 중요한지를 보여 주는 예이기도 합니다. 이처럼 자연과 인간이 상호 작용하며 서로를 풍요롭게 한다면 인류는 지속 가능한 미래를 꿈꿀 수 있지 않을까요?

인간은 얼어 죽을 때 옷을 벗는다?

23

당신이 영하 60도의 남극 대륙에 홀로 떨어졌다고 상상해 보세요.

아마 죽을 때까지
두꺼운 패딩 옷을 벗지 않을 거예요.
체온을 유지해야 하니까요.

실제로 지난 2016년 겨울,
비닐하우스에서 저체온증으로 사망한 여성은
죽기 직전 스스로 옷을 벗었습니다.
추운데 왜 옷을 벗은 걸까요?

놀랍게도 저체온증으로 인한 사망자 중
50%에서 죽기 직전 옷을 완전히 또는 부분적으로
탈의하는 현상이 관찰됩니다.
이것을 '이상 탈의 현상'이라고 해요.

아직 이상 탈의 현상의 원인이 완벽히 밝혀지지 않았지만
한 가지 추측을 해 볼 수 있습니다.
체온이 35도 아래로 떨어지면 신경 기능이 고장나고
호흡과 반사가 느려집니다.

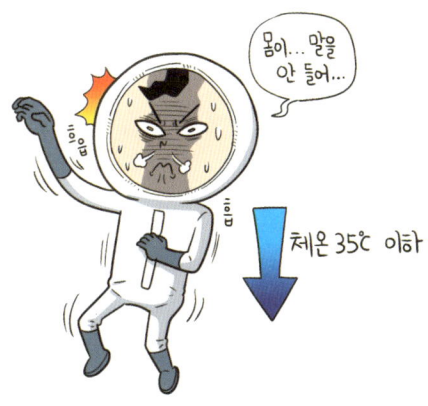

체온이 30도가 되면 심장 박동이 느려지고
뇌사가 진행됩니다.
25도 아래로 떨어지면 호흡과 심장이 멈추죠.

체온이 떨어지면 몸 표면에 넓게 분포한
혈관을 수축해서 열 손실을 막습니다.
그럼 근육이 수축해야 하므로 에너지가 필요하죠.

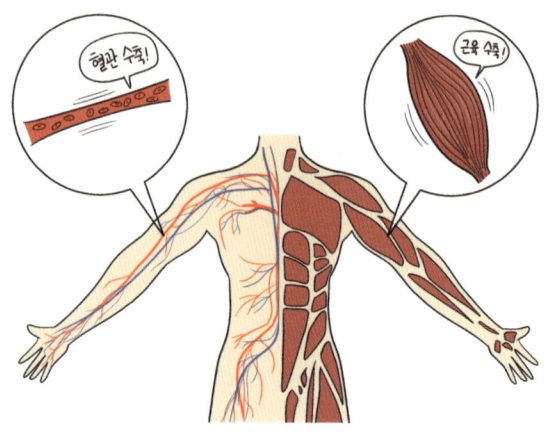

그런데 수축이 계속되면 에너지가 고갈되고 근육이 풀려요.
혈관이 확장되고 몸속의 더운 피가
한꺼번에 피부로 몰리며 강렬한 열감을 느끼게 되죠.

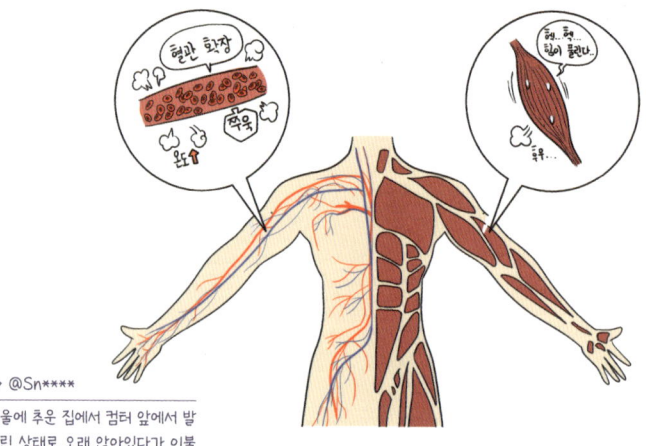

↳ @Sn****
겨울에 추운 집에서 컴퓨터 앞에서 발 시린 상태로 오래 앉아있다가 이불 덮고 누우면 발만 뜨거워서 항상 고통인데 약간 비슷한 원리인가....

장시간의 저체온 속에서 망가진 뇌 기능이
옷을 벗게 만드는 것입니다.

해님만 나그네의 옷을 벗게 하는 건 아니었네요.

↳ @sindorim****
"꺼져가는 별이 가장 밝게 타오른다."

↳ @dongholee****
생각해 보면 엄청난 고통에 시달린 결과이겠네요ㅜ

체온 조절

아주 추운 겨울 날에 거리를 걷고 있다고 상상해 보세요. 바닥은 꽁꽁 얼었고 숨 쉴 때마다 입김이 나와요. 차가운 바람에 코와 손끝이 시리지만 코트 안에서는 포근한 온기가 느껴집니다. 이렇게 추운 영하의 날씨에도 불구하고 우리 몸이 따뜻함을 유지할 수 있는 까닭은 우리 몸의 놀라운 체온 조절 시스템 때문입니다.

인간의 몸은 37도라는 상당히 정확한 온도에서 최적으로 작동합니다. 마치 컴퓨터나 스마트폰이 특정 온도 범위에서 가장 잘 작동하듯이, 세포들도 안정된 온도에서 복잡한 화학 반응을 더 잘 수행할 수 있습니다. 단 1도의 변화도 우리 몸에는 큰 문제를 일으킬 수 있습니다. 그래서 뇌의 시상하부는 체온이 0.01도만 변해도 이를 감지할 수 있고 외부의 온도 변화에 여러 가지 대응을 하죠.

추운 날 우리 몸은 열을 얻기 위해 다양한 전략을 사용합니다. 먼저 열 손실을 줄이는 것입니다. 이를 위해 피부 표면에 넓게 분포한 모세혈관을 수축시켜 내부의 뜨거운 혈액이 밖으로 빠져나가는 것을 줄입니다. 또 몸의 입모근*을 수축시켜 모공을 막고 열 손실을

---

* 피부의 모근(毛根)에 붙어 있는 아주 작은 근육입니다.

방지합니다. 추울 때 소름이 돋는 것은 입모근이 수축했기 때문입니다. 그리고 자발적인 근육 떨림을 통해 열을 생성합니다. 또한 '갈색 지방'이라 불리는 몸속의 특별한 지방이 추위에 반응해 열을 만들어 냅니다. 아기들에겐 갈색 지방이 많고 어른들에게도 조금은 남아 있습니다.

반대로 더운 날에는 우리 몸이 열을 잃기 위한 방법을 사용합니다. 대표적인 예가 땀을 흘리는 것입니다. 땀이 피부에서 증발할 때 주변의 열을 흡수해 날아가면서 체온을 낮추죠. 또 혈관이 확장되어 더 많은 혈액이 피부 표면으로 흘러가면서 더 많은 열을 공기 중으로 방출합니다.

이렇듯 **우리 몸은 외부 환경의 변화에도 불구하고 내부 환경을 안정적으로 유지하는 미묘한 균형을 유지합니다.** 앞으로 추위를 느낄 때 소름이 돋는다면, 몸의 복잡성과 효율성이 드러나는 멋진 증거이니 똑똑한 내 몸을 칭찬해 주는 건 어떨까요?

경험이 유전자를 바꿀 수 있을까?

음악이든, 체육이든, 공부든
어떤 일을 열심히 하면
그에 따른 결과가 어느 정도 따라옵니다.
하지만 나의 노력으로 타고난 재능을 바꿀 수 있을까요?
그럴 수 없겠죠.

재능은 유전자에 의해 결정되고
유전자는 경험으로 바뀌지 않습니다.
사실 우리 삶은 유전자에 의해 이미 결정된 것 같아요.

↳ @astimegoe****
지금까지 중 제일 반가운 "그런데 이것은 틀렸습니다."였다.

독일의 동물학자인 한스 드리슈는 막 분열한 성게 배아 세포*
두 개를 위, 아래로 분리하여 따로 배양했어요.
그럼 한쪽에선 성게 위쪽의 유기물이 나오고
다른 쪽은 성게 아래쪽의 유기물이 나와야 하지요?

하지만 놀랍게도 나온 것은 성게 두 마리였습니다.
생물의 세포 각각에는 모든 세포의 설명서가 다 들어 있던 것이죠.

* 수정란이 세포 분열을 통해 형성된 초기 세포들로, 배아 발생 과정에서 다양한 조직과 장기로 분화되는 세포들을 말합니다.

그럼 왜 똑같은 설명서를 가진 세포들은
모두 다른 형태가 되는 걸까요?

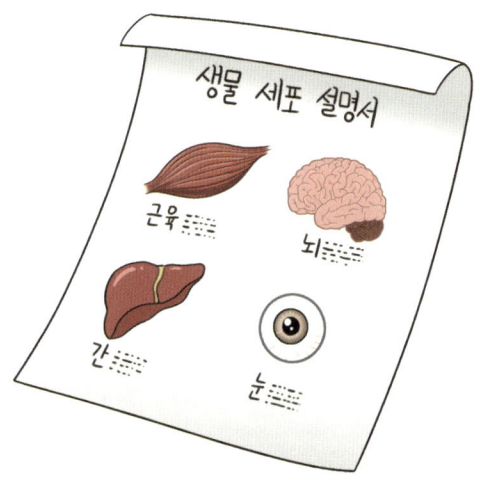

우리 몸속 DNA에는 다양한 분자들이 달라붙어
유전자의 스위치를 켜거나 끌 수 있습니다.
그리고 이것은 내 경험의 영향을 받습니다.
내가 먹는 것, 만나는 사람, 기후 등의 영향을 받죠.
이것을 후성 유전이라고 해요.

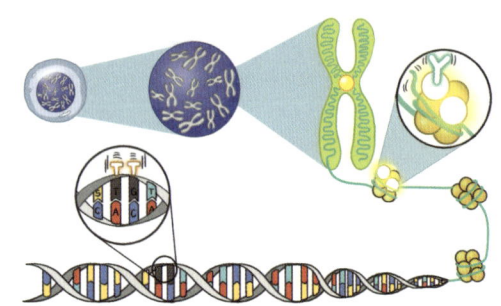

↳ @user-sb8xx3****
경험에 의해 켜지고 꺼진다는
게 정말 멋진 일인 것 같아요.
덕분에 더 건강한 삶의 태도
를 가질 수 있을 것 같습니다.

같은 유전자가 다른 세포에서 다른 단백질을 생산하게 만들고
경험에 따라 내 단백질 생산이 바뀌게 만들죠.
사실 모습이 전혀 달라 보이는 여왕벌과 일벌도 일란성 쌍둥이에요.
이 둘은 먹는 것만 다를 뿐입니다.

이것이 나의 노력으로 재능을
마음대로 바꿀 수 있다는 뜻은 아닙니다.
하지만 나의 모든 것이 단지 유전자에 의해
결정되는 것은 아닙니다.
노력은 어쩌면 나를 배신하지 않을 수도 있어요.

↳ @user-zq9pw****
오오~ 의외의 사실이네요. 반대로 뛰어난 재능을 타고 났어도 후천적으로 썩힐 수도 있겠네요.

↳ @hoodedcraneVol****
노력하면 바뀔 수도 있지만 아무것도 안 하면 반드시 안 바뀐다.

DNA

미스터리로 가득 찬 우리 몸의 신비로운 비밀에 대한 열쇠를 찾아낸 이야기가 있습니다. 1953년, 두 명의 과학자 제임스 왓슨과 프랜시스 크릭은 세포의 핵 속에 숨겨져 있던 비밀인 **이중 나선 구조의 DNA**를 발견합니다. 그렇다면 이 나선 구조 안에 숨어 있던 비밀은 무엇일까요?

우리 몸을 이루는 모든 정보는 DNA 안에 들어 있었습니다. DNA는 마치 무한한 가능성을 품은 비밀의 실과 같은 셈이죠. 이 실은 뉴클레오타이드 염기라고 부르는 아데닌(A), 사이토신(C), 구아닌(G), 티민(T)이라는 네 가지 구슬들로 꿰어져 있습니다.

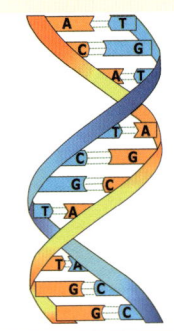

▲ 이중 나선 구조의 DNA

이 구슬들은 CAGTATGCCCAAAGTCTGATGGCACCTAACCGTGTGATGAA처럼 특정한 배열을 이루는데, 이를 염기 서열이라고 합니다. 여기에는 우리가 어떻게 생겼는지, 우리 몸이 어떻게 기능하는지를 결정짓는 데 필요한 모든 정보를 담고 있습니다.

이 정보를 실제로 실행할 수 있는 리보솜 공장은 세포핵 바깥에 있습니다. **리보솜에선 우리 몸을 구성하고 기능하게 하는 필수 요소인 단백질을 만들어 냅니다.** 그런데 DNA는 세포핵을 벗어나지 못하기 때문에 정보를 공장까지 전달할 조력자가 필요하죠. RNA라는 특별한 메신저가 이 역할을 합니다. DNA는 자신의 정보 일부를 RNA에 복사해 전달합니다. 이 과정을 '전사'라고 해요.

전사된 RNA는 정보를 가지고 세포핵 바깥의 리보솜 공장으로 이동합니다. 여기서 리보솜은 RNA의 메시지를 해독하고 아미노산이라는 블록을 조합해서 하나의 단백질로 만들어냅니다. 이 과정에서 코돈이라 불리는 염기 서열 3개가 특정 아미노산을 지정합니다. 예를 들어, 'CAG'는 글루타민을, 'TAT'는 티로신을 의미합니다. 아미노산들은 순서대로 연결되어 긴 가닥을 만들고, 이 가닥이 어떻게 접히는지에 따라 다양한 단백질이 만들어집니다. 단백질이 접히는 방법은 아미노산의 조합 순서에 따라 결정됩니다. 즉, 아미노산의 조합 순서는 DNA의 염기 서열에 따라 결정되기 때문에 DNA가 단백질 생성 정보를 담고 있다고 할 수 있는 것이죠.

우리 몸의 작동 원리를 이해하는 것은 DNA의 복잡한 암호를 해독하는 것과 같습니다. 그리고 우리가 DNA의 비밀을 점점 더 많이 밝혀낼수록 생명의 복잡성이 더욱 뚜렷해졌답니다. 후성 유전학과 RNA 스플라이싱*은 생명의 설계도가 단순한 문자열의 조합 이상임

---

* 정보를 담은 긴 RNA 실을 잘라내고 다시 이어 붙여서 필요한 부분만 남기는 과정을 말합니다. 긴 문장에서 필요한 정보만 골라내어 짧고 요점 있는 문장을 만드는 것과 비슷하죠.

을 보여 준 놀랍고도 위대한 발견입니다. 그리고 오늘날에도 생명의 신비를 향한 탐험은 계속되고 있답니다.

영생을 누리는 유일한 방법

25

어릴 때 잠자기 전에 누워서
어른이 된 나를 상상하곤 했는데
벌써 어른이 되어 있었어요.
이러다 어느 날 문득 정신을 차리면
늙어 죽기 직전의 내가 되었을 것 같았어요.

갑자기 심장이 요동치고 두려움이 찾아왔어요.
세상에 더 이상 내가 존재하지 않게 되다니!
영생을 누렸으면 좋겠다고 생각했죠.

영화 〈정이〉*에는 인공지능 로봇에 사람의 뇌를 복제하여
영생을 누리는 장면이 나옵니다.
나쁘지 않아 보였어요.

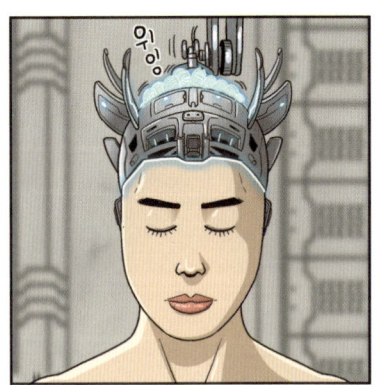

---

* 2023년 1월 넷플릭스에 공개된 한국의 SF 영화로 기후 변화로 인한 해수면 상승으로 우주로 이주한 인류의 모습을 배경으로 합니다.

그런데 문득 이런 생각이 들었어요.
인공지능 로봇은 모습이 변하지 않아요.
이것이 영생의 비결이잖아요?
하지만 인간은 그렇지 않죠.

뇌는 가소성**을 가지고 있어요.
경험이나 학습이 새로운 연결을 만들고
사용하지 않는 기능은 사라지죠.

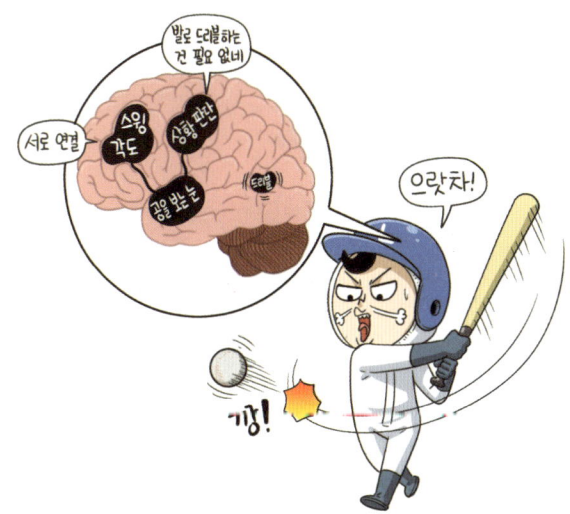

** 뇌세포와 뇌 부위가 유동적으로 변하는 성질을 의미합니다.

우리의 생각과 능력은 영원한 게 아니라 바뀝니다.
유전자의 발현도 환경이나 나이에 따라 변하지요.
어릴 때 발랄하던 내가 나이가 들어 점잖아졌다면
이 때문일 수 있죠.

우리 몸의 원자는 1년 안에 98%가
공기 또는 음식물의 원자로 바뀝니다.
세포는 매일 1%씩 죽고 바뀌죠.
15년이 지나면 대부분 바뀝니다(뇌와 눈 등 일부 제외).

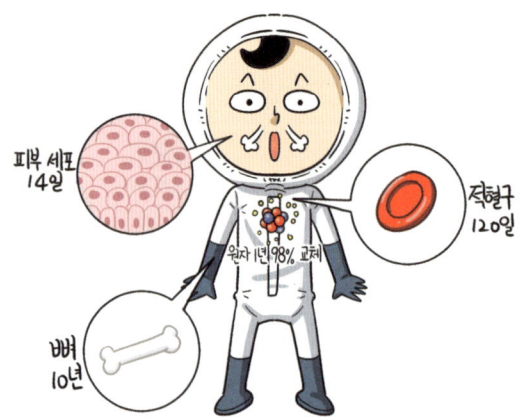

어릴 때의 나는 지금의 나와 같은 사람일까요?
15년 뒤의 나는 지금의 나와 같은 사람일까요?
우린 끊임없이 변하고, 매일 죽고, 태어납니다.

우리는 변치 않는 영생을 원하지만
그것이야 말로 인간으로서의 죽음일 수 있어요.

우주와 끊임없이 소통하는 나는
존재하기 전 우주였고
사라진 후 여전히 우주입니다.
죽음이란 존재하지 않는 게 아닐까요?

↳ @user-do6ef7f****
과학과 철학의 조합 너무 좋다.

↳ @user-rr5dk7****
우리는 그저 끊임없이 변할 뿐 절대로 사라지지 않는다. 그저 감동입니다.

↳ @user-eg7tv3g****
평소 내가 죽으면 내가 죽었다는 걸 알아야 하는데 내가 죽어서 알지 못하니까 죽으면 너무 허무할 것 같다는 생각을 진짜 많이 했는데... 이런 주제 너무 좋은 것 같아요.

알아 두면 쓸모 있는
과학 지식

후성 유전학

　오래전 생물학자 라마르크는 기린의 긴 목에 대한 이야기를 했습니다. 그는 기린들이 높은 나뭇잎을 먹기 위해 끊임없이 목을 늘려야 했고, 이러한 습관 때문에 여러 세대를 거치며 목이 점점 길어진 것이라고 주장했죠. '용불용설'로 알려진 이 이론은 오랫동안 잘못된 생각으로 여겨졌습니다. 왜냐하면 우리가 살아가면서 얻은 특성들은 유전되지 않으며, 유전은 DNA의 복제를 통해 이루어진다고 믿었기 때문입니다.

　하지만 최근의 과학은 이 전통적인 생각에 도전장을 내밀었습니다. DNA는 우리 몸을 만드는 설계도와 같습니다. 이 설계도에 따라 우리 몸의 공장이 단백질을 만들고, 그 결과로 우리의 신체가 형성되죠. 그러나 이 과정은 단순히 DNA 설계도만으로 결정되지 않습니다. 유전자 발현은 DNA의 정보가 실제로 작동해 단백질이나 다른 분자로 전환되는 과정입니다.

　이를 요리에 비유하자면, DNA는 요리 레시피이고 단백질은 최종 요리된 음식입니다. 같은 요리 레시피라도 서로 다른 조건에서 요리하면 맛이 전혀 달라지는 것처럼, 우리 몸의 유전자 발현도 외부 환경에 영향을 받습니다. 하지만 환경 요인에 따라 같은 DNA 요리 레시피에서도 다양한 결과물이 나올 수 있습니다. 유전적으로 동일한 일란성 쌍둥이가 서로 다른 환경에서 자라면 그들의 외모, 건강, 심지어 성격까지도 다를 수 있습니다. 이는 같은 유전자 레시피를 가졌지만 각기 다른 '주방 조건'에서 성장했기 때문입니다. 유전자 발현에 영향을 미치는 환경 요인으로는 식단, 스트레스, 온도, 독소 노출 등을 들 수 있죠. 예를 들어 영양소가 풍부한 식단은 신진대사를 촉진하는 유전자를 활성화시키는 반면, 장기적인 스트레스는 불안이나 우울증과 관련된 유전자를 활성화시킬 수 있습니다.

그 예로, 제2차 세계대전 중 네덜란드 기근을 겪은 사람들에 관한 연구를 들 수 있습니다. 태아기에 기근에 노출된 사람들은 성인이 되어서 특정 건강 문제에 더 취약했는데, 이는 열악한 환경 조건에 의

▲ 계절에 따라 털 색깔을 바꾸는 북극 여우

해 생긴 유전자 발현의 변화로 해석되었습니다. 동물계에서는 북극 여우가 이 개념을 잘 보여 줍니다. 북극 여우는 계절에 따라 털 색깔을 바꾸는 유일한 개과(科) 동물입니다*. 이는 환경 변화, 특히 일조량과 온도 변화가 털 색깔을 결정하는 유전자의 발현에 영향을 주기 때문입니다. 이 모든 것은 우리가 살아가면서 경험하는 환경과 생활 습관이 우리 몸의 '설계도'에 영향을 미칠 수 있다는 놀라운 사실을 보여

---

* 겨울에는 개체에 따라 털이 흰색 또는 푸른색을 띠다가, 여름이 되면 머리와 등, 꼬리와 다리는 갈색을 띠고, 옆구리와 배는 밝은 베이지색 털로 털갈이를 하는 특징이 있습니다.

줍니다. 또한 후천적으로 얻어진 특정 유전자 발현 정보가 세포분열 후에도 남아 있어 후대에 유전될 수 있다는 연구 결과도 발표된 적이 있습니다. 이러한 **환경에 따른 유전자 발현을 연구하는 새로운 분야를 '후성 유전학'**이라고 부릅니다.

MEMO